Michael Bandt
Ralf Schmitt

Ich bin total beliebt, es weiß nur keiner

Die Hölle, das sind die anderen.
Jean-Paul Sartre, Geschlossene Gesellschaft

Der Misserfolg hat einen Segen,
der mir verklärt den trübsten Tag:
Er macht uns beliebter bei den Kollegen,
als ein Erfolg es je vermag.
Oscar Blumenthal

Inhalt

Vorwort

Mein Name ist Michael Schmitt. Man kann sagen, ich arbeite in einer mittelgroßen Firma einer mittelinteressanten Branche im mittleren Management. Ich weiß, Sie durchschauen jetzt schon meine Strategie, ein Buch zu schreiben, das möglichst viele Menschen anspricht, aber das nehme ich gerne in Kauf.

Schließlich möchte ich nicht ein Buch schreiben für alle blondgelockten Bäckerlehrlinge, die südwestlich von Passau leben, mit einem camouflagefarbenen Elektroroller zur Arbeit kommen und nebenberuflich in einem illegalen Piercing-Studio in Tschechien arbeiten. Das wären mir zu wenige potenzielle Käufer.

Klingt marktorientiert? Mag sein. Dieses Buch ist aber auch eine Liebeserklärung an die Leistungsgesellschaft. Zugegeben, eine bitterböse Liebeserklärung – aber doch eine Liebeserklärung. Ich glaube, das nennt man »Stockholm-Syndrom«, wenn man anfängt, das zu lieben, was einen kaputt macht.

Auf den ersten Blick haben Sie vielleicht den Eindruck, Bücher wie dieses gäbe es schon wie Sand am Meer, aber das hier ist anders. Im Gegensatz zum Wettbewerb verzichte ich gänzlich auf »wissenschaftliches« Herunterbeten von »Umfrageergebnissen«, »Statistiken« und dergleichen. Statistiken und Umfragen kann man fälschen, das wahre Leben nicht. Ich habe mein BWL-Diplom zwar nur mit Ach und Krach bestanden, aber ich stehe beruflich bestens da. Und vor allem: Ich habe wirklich etwas zu sagen über das wahre Berufsleben. Ich bin selber mittendrin und gehe auch dahin, wo's wehtut. Und da, wo ich bin, tut's *oft* weh! Sie lesen dieses Buch, Sie werden mein Zeuge.

Betrachten wir einmal die Gruppe unserer Kollegen als eine Zwangsgemeinschaft. Früher hat dieser Gruppenzwang dazu geführt, dass ich mich regelmäßig wahnsinnig über meine Kollegen geärgert habe – das hat mich nicht weitergebracht. Dann hat mir ein Coach erklärt, dass sich andere Menschen nie ändern, sondern dass man sich selbst ändern müsse. Also habe ich mein Konzept geändert: Jetzt schreibe ich ein Buch darüber.

Ein Buch über meine Kollegen, die ich wohl in diesem Leben nicht mehr in der Lage sein werde zu lieben. Eine Typologie der Kollegen, die in unserer unmittelbaren Umgebung arbeiten und uns daran hindern, ungestört unsere Aufgaben zu erfüllen. Ein Buch darüber, warum ich in einer mittelgroßen Firma, in einer mittelinteressanten Branche, nur im mittleren Management arbeite. Ein Buch über meine Nein-Kollegen.

Die Definition eines Nein-Kollegen: ein Kollege, der zur Tür hereinkommt, und man denkt sofort: Nein! Kollegen also, die, ohne es zu merken, den Betrieb aufhalten, positive Entwicklungen blockieren, miese Leistungen abliefern, schlechte Stimmung verbreiten, absichtlich kein Deodorant verwenden oder einfach nur nerven.

Über den oder die wir, schon wenn er oder sie den Raum betritt, sofort denken: O Gott, nicht der oder die! Dann schalten wir unser unverbindlichstes Lächeln an, damit der Kollege das nicht bemerkt. Damit uns aber auch nicht ein anderer Kollege, dem wir unvorsichtigerweise bereits erzählt haben, wie sehr uns dieser Kollege nervt, nachsagen könnte, wir seien falsch, unaufrichtig oder feige.

Also lächelt man so unverbindlich, wie man nur kann, und denkt sich seinen Teil. Und genau diesen Teil schreibe ich in dieses Buch. Denn, würde ich diesen Teil einfach aussprechen, gäbe es in meiner mittelinteressanten Firma Krieg. Aus Gründen des sozialen Friedens also und mich der Hoffnung hingebend, möglichst viele Leser (und vor allem: Käufer!) anzusprechen, schreibe ich ein Buch, das allen Menschen gewidmet ist, die von Nein-Kollegen genauso genervt sind wie ich, und ihnen helfen soll, mit solchen Kollegen besser zurechtzukommen.

Ich stelle die Behauptung auf: JEDER, der auch nur drei Arbeitskollegen hat, kennt mindestens einen der Typen, die ich in diesem Buch beschreiben werde. Ich gehe sogar so weit, zu behaupten: Übersteigt die kollegiale Sippengröße Ihrer Firma die zwanzig, werden Sie ALLE Typen wiedererkennen!

Nur der Vollständigkeit halber: Wenn ich bei der Beschreibung der einzelnen Typen von »Kollegen« spreche, meine ich natürlich damit automatisch auch immer »Kolleginnen« – und umgekehrt. Da will ich ganz gerecht sein und bin ein großer Freund der Gleichstellung!

Manchmal frage ich mich, warum unsere mittelgroße Firma überhaupt noch auf dem Markt ist, denn niemand, den ich bei uns arbeiten sehe, vollbringt Spitzenleistungen. Vielleicht stimmt es ja doch: Das Ganze ist immer mehr als die Summe der einzelnen Teile. Eins plus eins ist eben oft nicht zwei, sondern drei. Selbst wenn, wie in meiner Firma, einige Nullen dabei sind …

Egal, wie hart wir arbeiten, von oben kommen in regelmäßigen Abständen bedrohlich klingende Wasserstandsmeldungen im Sinne von »schlechte Absatzzahlen«, »schwaches Geschäftsjahr« oder einfach nur »Krise«. Bankenkrise, Eurokrise, Megakrise oder Krisenkrise.

Danach geistert immer für einige Wochen das Wort »Kurzarbeit« durch den Flur. Aber wenn man lange genug dabei ist, weiß man: Diese Worte gehören zum normalen Management-Wording.

Die beruhigende Erkenntnis: Sie kommen – aber sie gehen auch wieder.

Also entspannt bleiben und weiterarbeiten! So gut es eben geht, trotz aufkommender Hysterie. Wenn ich das Ganze kritisch betrachte, bin ich mit dieser Haltung, die dafür sorgt, dass ich mich durch solche Drohszenarien von oben nicht mehr extra motivieren lasse, für meine Vorgesetzten ein solcher Nein-Kollege. Aber auch das ist mir egal, denn dieses Buch handelt ja nicht davon, wie ich, Michael Schmitt, ein Ja-Kollege für alle anderen werde, sondern davon, wie ich lerne, dass mich ein Nein-Kollege nicht mehr so leicht aus der Fassung bringt.

Ein ganz normaler Tag beginnt

Lassen Sie mich, bevor ich zu meiner geplanten Beschreibung der verschiedenen Nein-Kollegen komme, einmal den Beginn meines normalen Berufsalltages erläutern, vielleicht finden Sie sich ja ein Stück weit wieder.

Ich betrete morgens das Büro, das aus Gründen der maximalen Identifikation überall in Deutschland, oder sagen wir besser im gesamten deutschsprachigen Raum, liegen könnte, und schicke ein möglichst freundliches Hallo, Moin, Grüezi, Servus, Grüß Gott oder einfach nur Guten Morgen in jede angrenzende Abteilung. Gerade so freundlich, dass niemand denken könnte, ich sei schlecht gelaunt, aber auch genau so zurückhaltend, dass keiner glauben könnte, ich hätte es nötig, mich bei ihm beliebt zu machen.

Jeden Tag ertappe ich mich dabei, mich ernsthaft zu fragen, ob mir dieser Balanceakt meiner sozialen Firmenpositionierung gelungen ist oder nicht. Als erste Tat des Tages hole ich mir einen Kaffee. Mit schlechtem Gewissen zwar, ich habe ja gerade erst begonnen zu ›arbeiten‹, aber ich hole ihn mir trotzdem. Ich fühle mich dann immer wie ein Musiker, der die Bühne betritt und Applaus bekommt, obwohl er noch keinen Ton gespielt hat. Auf dem Weg zurück, mit der vollen Tasse in der Hand, überlege ich mir, wie ich mich rechtfertigen könnte, sollte mich jemand darauf ansprechen, warum ich, ohne bisher einen Finger krumm gemacht zu haben, schon eine Kaffeepause nötig hätte.

»Das geht Sie gar nichts an«, und: »Kümmern Sie sich um Ihren eigenen Kram« werden regelmäßig als Beweis meiner mangelnden Schlagfertigkeit von meinem inneren Zensor abgelehnt. »Das sind eben die Privilegien des mittleren Managements« kommt in die engere Wahl.

Zum Schluss bin ich dann froh, dass mich keiner darauf angesprochen hat, und stelle die Tasse auf meinen Schreibtisch. Ich bin immer wieder darüber erstaunt, wie oft ich den Kaffee zwar geholt und abgestellt, aber vor lauter schlechtem Gewissen keinen Schluck getrunken habe. »Na ja, ich war einfach zu beschäftigt«, beruhige ich mich. Dann fahre ich erst mal meinen Rechner hoch. Da dies eine Zeitlang dauert, schlendere ich rüber ins Nachbarbüro und checke meinen Beliebtheitsgrad. Ich plaudere, scherze, nehme Anteil, wahre dabei aber immer eine gesunde Distanz. Nach etwa sieben Minuten – mein Rechner müsste inzwischen hochgefahren sein – verabschiede ich mich wieder: »Na dann, frohes Schaffen, ich geh erst mal meine Mails checken«, rufe ich, einen Tick zu laut. Ich habe mal in einem Ratgeberbuch für Führungskräfte gelesen, drei Prozent lauter sprechen als notwendig bringt dreißig Prozent mehr Aufmerksamkeit. Interessant, nicht? Wenn ich richtig gut gelaunt bin, rufe ich manchmal auch so etwas wie: »Na dann, frohes Schaffen, ich geh erst mal meine *Mädels* checken … uuups, Freud'scher Versprecher! Hahaha.« Mit einem Lachen ein Gespräch zu beenden, habe ich in demselben Ratgeber gelesen, das stärke die soziale Bindung. Ich lache auch drei Prozent lauter als notwendig. Solche Weisheiten kann man doch schließlich auch kombinieren, oder nicht?

Danach lasse ich erst mal meine Assistentin kommen. Monika könnte es aufgrund ihres einfachen Gemüts fast in die Liste der Nein-Kollegen schaffen, aber nur *einfach* zu sein, genügt nicht. In dem schon oben erwähnten Ratgeber stand auch, dass ein gutes Team, in diesem Fall eine Fußballmannschaft, funktioniert wie Klavierspielen: Drei müssen spielen können, und die restlichen acht tragen das Klavier in die Wohnung. Oder so ähnlich. Monika trägt. Sie kommt also nicht auf die Liste. Monika ist so etwas wie die gute Seele der Abteilung und gleichzeitig meine Assistentin. Wobei das Wort »Assistentin« sehr weit gefasst sein muss. Denn manchmal behandle ich sie, als wäre sie das letzte Glied der Informations-

Nahrungskette, und manchmal erklärt sie mir, wie man bei einer E-Mail die Signatur einrichtet. Dann fühle ich mich, als sei sie meine Betreuerin, und ich rechne jeden Moment damit, dass sie mir den Speichel vom Mund wischt. Man könnte sagen, wir haben ein sehr ambivalentes Hierarchieverhältnis. In einem zweiten Managementratgeber habe ich mal gelesen, dass Hierarchie etwas ganz Natürliches sei, aber die Kunst sei es, in seinem Hierarchieverständnis sehr flexibel zu sein.

Ein Beispiel: Monika ruft mir von draußen von ihrem Schreibtisch durch die offene Tür zu:»Che-e-f!?« Dank des Ratgebers zwinge ich mich, nicht zu antworten:»Wenn du etwas von mir willst, dann komm rüber, du blöde Pute!« Nein, ich hebe meine Stimme und säusele so süß ich kann:»Was denn, Monika?« Verstehen Sie, was ich damit sagen will? Sie haben immer die Chance. Sein Sie nicht der Sklave Ihrer Position, der Knecht Ihrer Hierarchiestufe! Natürlich hätten Sie auch aufstehen, zu ihr gehen und sagen können:»Meine liebe Monika, ich halte es für wenig angebracht, per Zuruf mit mir zu kommunizieren. Bequemen Sie sich bitte in Zukunft zu mir, wenn Sie etwas von mir möchten.« Aber das hätte nichts geändert. Klar, es wäre deutlich freundlicher gewesen als der Blöde-Pute-Satz und hätte auch Ihre Position gestärkt, Ihre Chefrolle ausgebaut, aber – Sie wären doch Sklave! Sklave von einem Bild, das Sie sich von sich selbst als Chef gemacht hätten.

Apropos Chef, ich selbst habe natürlich auch einen, und ich möchte ihm die Ehre zuteil werden lassen, als erster Nein-Kollege in meinem Buch erwähnt zu werden.

TEIL 1

Typenlehre

Der Misserfolgsvermeider – Siegfried Plech

Sie kennen wahrscheinlich noch die alten Cowboy-Filme. In denen bekam der Cowboy immer, wenn er ins Gefängnis musste, eine Eisenkugel inklusive Kette an die Füße geschmiedet, um ihm im Falle einer Flucht das Fortkommen zu erschweren.

Und genauso wie diese Eisenkugel den Sträfling am Fortkommen hindert, so hindert mein Chef mich am Vorwärtskommen in unserer Firma, denn er ist ein von mir so genannter *Misserfolgsvermeider*. Ich bin mir sicher, Sie haben in Ihrer Firma auch so eine Bremse, so einen Blockierer, so einen Klotz am Bein jedes geplanten Fortschritts. Das Fatale daran ist, dass diese Blockierer gar nicht sofort als solche zu erkennen sind. Denn sie verklären ihr Bremsen, Erstarren, ihr Nichtstun permanent zur bewussten Strategie der Vorsicht, des Weitblicks und ihrer Erfahrung.

Lassen Sie mich dies genauer ausführen und dafür etwas ausholen. Gehen wir mal davon aus, dass man die Menschen in zwei Gruppen einteilen kann. Da sind auf der einen Seite die Erfolgssucher und auf der anderen die sogenannten *Misserfolgsvermeider*. Die Erfolgssucher suchen, wie der Name schon sagt, den Erfolg. Ich hoffe, lieber Leser, wir beide zählen uns zu dieser Gruppe und ich muss diesen Typus hier nicht weiter beschreiben.

Die anderen, die zur zweiten Hälfte der Menschheit gehören, vermeiden den Misserfolg. Das sind Menschen wie mein Bereichsleiter, der Herr Plech. Herr Siegfried Plech sagt andauernd so Sätze wie: »Ich *will ja nicht*, dass es am Ende heißt, der Herr Plech wäre …« Oder: »Ich *will ja nicht*, dass die andern denken, ich sei …« Und damit am Ende niemand über den Herrn Plech etwas Negatives sagen kann, macht er prophylaktisch erst mal das, was jeden Fehler vermeidet, nämlich: nichts! Herr Plech weiß immer schon im Voraus, wie ein Projekt ausgeht, nämlich: schlecht! Seine grundsätzliche Weltsicht lautet: Die Welt steckt voller Gefahren, und ich werde meine Firma davor bewahren.

Jetzt ist es in meinem Fall aber auch noch so, dass unser *Misserfolgsvermeider* auch noch mein direkter Vorgesetzter ist. Das heißt, es passiert regelmäßig Folgendes: Ich liege nachts wach, weil ich mit einem Projekt, sagen wir im Bereich Öffentlichkeitsarbeit, nicht zufrieden bin. Ich wälze mich im Bett herum, grüble, zermartere mir das Hirn, was man besser machen, wie man die Außenwirkung unserer Firma verbessern könnte – es sollen dabei aber keine zusätzlichen Kosten entstehen. Plötzlich ein Blitz, eine Idee trifft mich, ich bin auf einmal hellwach, schieße aus dem Bett und schreibe meine Idee nieder, damit sie nicht verloren geht. Am nächsten Tag laufe ich, frisch geduscht, frisch rasiert, mit perfekter Frisur und messerscharf gebügeltem Hemd, ich will nicht sagen *glückstrunken*, nennen wir es einfach einmal *zuversichtlich* mit meiner neuen Idee zu meinem Chef, um ihm davon zu berichten.

Seine Tür steht offen. Unser Vorstand ist ein Fan der ODP … der Open Door Policy … Ich sage zu mir selbst: »Schmitty – du bist ein Erfolgssucher, nutze deine Chance – carpe diem …«

»Hallo Chef, hätten Sie mal ein Sekündchen Zeit«, frage ich in fröhlichem Tonfall, »ich denke, ich hab da was Schönes. Ich bin mir sicher, das wird Ihnen gefallen.«

»Na, da bin ich ja mal gespannt.«

»Dürfen Sie sein, Chef, dürfen Sie. Also, ich hab mir da was ganz Tolles überlegt … palaver … palaver … palaver … Kosten … sparen … blablabla … Selbstkostenpreis … schwafel … schwafel … Synergieeffekte … blablabla … zwei Fliegen mit einer Klappe … Win-win-Situation, wenn nicht Win-win-win-Situation … Ist das nicht toll?!«

Ich bin also fertig mit meinen Ausführungen. Sehe ihn erwartungsvoll an. Und er nickt auch so mit dem Kopf, als hätte er ein konkretes »Ja« vor dem geistigen Auge, aber …

Sie ahnen, was kommt ... Erst einmal nichts. Dann, gefühlte zehn Minuten später, atmet er bedeutungsschwanger einmal tief ein und wieder aus, um endlich in der tiefsten Gelassenheit und frei von jeglicher Erregtheit ob meiner tollen Idee etwa Folgendes zu referieren: »Lieber Herr Schmitt, *Ihren* Optimismus möchte ich haben.« Da weiß ich schon, wo die Reise hingeht. »Und ich will Ihre Euphorie auch gar nicht bremsen ..., *aber* ...« – »Ach wirklich?!«, denke ich. Oh, wie ich dieses »aber« hasse.

Es ist DAS Wort für den *Misserfolgsvermeider*, das Wort seines Lebens.

Sie erkennen einen klassischen *Misserfolgsvermeider* an der Frequenz seiner ›Abers‹ ... Einfache Formel zum Mitschreiben: Anzahl der ›Abers‹ geteilt durch Netto-Arbeitsstunden größer eins ist gleich *Misserfolgsvermeider*.

Die Wörter für Erfolgssucher hingegen sind »JA, UND ...?« JA, Herr Schmitt, Ihre Idee ist super, UND Sie können sie gleich dem Vorstand vorstellen.

Aus der Leserperspektive betrachtet: JA, Herr Schmitt, Ihr Buch ist super, UND ich werde es allen meinen Kollegen schenken.

Doch nun wieder zurück zur Realität: »*Aber*, Herr Schmitt, ich glaube, Sie sind da ein klein wenig zu blauäugig. Also, ich an Ihrer Stelle wäre da skeptisch. Stellen Sie sich das bloß nicht zu leicht vor! Glauben Sie denn allen Ernstes, ich hätte so etwas Ähnliches nicht schon längst ausprobiert?! Also ganz ehrlich, ich will ja nicht, dass es am Ende heißt, ich hätte Sie vorher nicht gewarnt. Da sind ja schöne Einzelheiten mit dabei, aber Ihr Plan wird insgesamt nicht funktionieren. Am besten, Sie schlafen noch mal eine Nacht darüber. Da sind mir viel zu viele ungeklärte Faktoren im Spiel. Aber ich denke, wir warten das erst mal ab und schauen, wie sich das Ganze weiterentwickelt. Das läuft uns ja nicht weg. Am besten, Sie bringen Ihre Idee zunächst mal zu Papier, da klärt sich dann häufig schon das meiste. Aber schauen Sie mal, Herr Schmitt, wenn man so was nicht richtig angeht und nicht im Vorfeld alles richtig bedenkt, dann geht da ganz schnell mal was schief. Sie wollen doch nicht, dass Ihre tolle

Idee – und dass an dieser Idee was dran ist, das spüre ich –, dass Ihre tolle Idee, bloß weil man da zu unbedarft rangegangen ist, an ein paar Kleinigkeiten scheitert. Nein, nein, nein, Ihren jugendlichen Überschwang in allen Ehren, aber ich will nicht, dass es am Ende heißt, ich hätte einen meiner besten Männer sehenden Auges ins offene Messer laufen lassen. Das sehen Sie doch ein, Herr Schmitt, nicht wahr?«

»NEEEEEEIIIIIIIIINNN das sehe ich nicht ein, verdammt nochmal!!!!!!!!!!«– Sage ich natürlich nicht. Kein Wunder, denn das würde ich ja auch nicht sagen, sondern schreien. Ich würde es brüllen, dass die Scheiben klirren. Stattdessen sage ich so was Ähnliches wie: »Herr Plech, dank Ihrer Erfahrung und Ihrer Weitsicht haben Sie bestimmt recht, wenn ich so eine Idee habe, dann gehen manchmal die Pferde mit mir durch. Da verfügen Sie natürlich über viel mehr Kompetenz als ich. Danke für Ihr offenes und ehrliches Feedback und Ihre kollegiale Einschätzung. Ich denke gerne noch mal drüber nach und melde mich dann wieder bei Ihnen. Danke, dass Sie sich so viel Zeit für mich genommen haben.«

»Aber Herr Schmitt, das ist doch selbstverständlich, dafür sind Führungskräfte da«, antwortet Plech jovial und fährt fort: »Dass wir dem Nachwuchs mit Rat und Tat zur Seite stehen.« Danach gehe ich in mein Büro, schließe die Tür trotz ODP hinter mir zu, heute ist: LKIKMAMIBJMRVNMP: »Liebe Kollegen, ihr könnt mich alle mal, ich brauche jetzt meine Ruhe, verdammt noch mal«-Policy. Ich beiße in die Tischplatte und zähle bis 500 000. Denn würde ich das nicht machen, würde ich mein Büro verwüsten oder mir eine Kalaschnikow kaufen und damit meinen Chef in einen Schweizer Käse verwandeln!

Wie Sie schon festgestellt haben, ist dieses Buch kein klassischer Ratgeber, aber eben doch ein Ratgeber. Letzten Endes will man ja mit dem, was man schreibt, die Welt ein bisschen besser machen. Deswegen folgt jeweils an dieser Stelle, also direkt unter jeder Typenbeschreibung in einem grauen Kasten wie diesem, eine Art Verhaltensregel, ein Ratschlag für den Umgang mit dem vorher beschriebenen Kollegentypus. Allerdings mit einer klitzekleinen Einschränkung: Sie als Leser können diese Verhaltensregeln anwenden, ich hingegen werde das in so gut wie allen Fällen nicht tun. Meine Berufsumgebung durch konstruktives Verhalten zu verändern und ihnen in ihrer Entwicklung behilflich zu sein, ist mir offen gesagt zu mühsam. Dazu fehlen mir die Muße, die Lust, die Geduld, die Bereitschaft, die Zeit und damit letztlich das Geld. Sollte ich in meinem nächsten Leben als Millionärssohn geboren werden, mache ich alles anders. Versprochen! Dann werde ich mich durch äußerste Geduld, wertschätzende Anregungen und konstruktive Kritik hervortun, um damit meine Umgebung zum Besseren zu verändern. In diesem Leben, in dieser Firma, in diesem Büro werde ich das nicht tun. Da können diese Vollpfosten von mir aus alle so bleiben, wie sie sind. Und wenn mich irgend so ein Gutmensch fragt, warum ich das so mache, sage ich einfach, *das* sei Toleranz. Ich glaube, dass das sehr oft der Fall ist, wenn Menschen sich als tolerant bezeichnen – dass ihnen eigentlich alle scheißegal sind. Sollten Sie schon in diesem Leben Millionärssohn oder -tochter sein, hier meine dringliche Aufforderung: Befolgen Sie meine Ratschläge für den Umgang mit den in diesem Buch beschriebenen Typen von Mitmenschen – und zwar sofort! Außerdem kaufen Sie bitte ganz viele Ausgaben meines Buches und laden Sie mich auch zu Privatlesungen in Ihre Villa am Comer See ein, ich komme gern! Bitte achten Sie bei der Auswahl Ihrer Gäste darauf, dass entsprechend viele charmante, gutaussehende, blonde Zuhörerinnen anwesend sein werden, die im Anschluss an die Lesung gerne von mir signiert werden möchten, bzw. deren Bücher, Sie wissen schon. Nun richte ich mich auch wieder an alle Nicht-Millionärssöhne und -töchter (hallo Genossen!), hier also der erste Ratschlag, in diesem Fall für den Umgang mit einem *Misserfolgsvermeider:*

Gehen wir von derselben Situation aus wie vorhin, Sie sind also über Nacht auf eine hervorragende Idee gekommen. Jetzt müssen Sie zunächst einmal in die tiefsten Niederungen Ihrer eigenen Existenz hinabsteigen und Ihre (wie Sie wissen: großartige) Idee gedanklich einmal vollkommen in den Staub treten und sich selbst mit so viel Bescheidenheit und Demut übergießen wie möglich. Dann transferieren Sie sich in einen möglichst depressiven Zustand voller Selbstzweifel und Zögerlichkeit. Stellen Sie sich einfach vor, Ihr Vorgesetzter wäre Ihr über alles respektierter Vater und Sie ein kleines, naives Kind, das den großen weisen Mentor um Rat bittet. Gehen Sie in sein Büro und beginnen Sie mit dem Satz: »Lieber Chef, ich bin da wirklich ganz unsicher, ich brauche Ihren Rat.« Dann lassen Sie ihm erst mal Raum, um ihn Sätze sagen zu lassen wie: »Nun setzen Sie sich erst mal, wir zwei finden da schon eine Lösung.« Dann antworten Sie: »Ach nein, ich befürchte, ich habe da nur Flausen im Kopf ...« Er wird etwas sagen wie: »Nur raus mit der Sprache, mein Sohn.« Sie: »Ich glaube, das hat keinen Sinn, da sind noch so viele Fragen ungeklärt ...« Er: »Doch, doch!« Sie wieder: »Na gut. Also, Verbesserungsvorschlag ... palaver ... palaver ... Kosten ... palaver ... Aber ich weiß nicht ... Sparen ... blablabla ... Das funktioniert bestimmt nicht ... Selbstkostenpreis ... schwafel ... schwafel ... Bin mir aber nicht sicher ... Synergieeffekte ... blablabla ... Zwei Fliegen mit einer Klappe ... Hoffe ich jedenfalls ... Win-win-Situation, vielleicht aber auch Lose-lose-Situation ... Schlecht, oder?!«

»NEEEIN!«

»Ach, Sie meinen, da könnte vielleicht etwas dran sein?«

»JAAA, sehr viel sogar. Da muss man vorsichtig sein, da haben Sie natürlich recht, ABER ich spüre deutlich das Potenzial.«

»Wirklich?«

»Wenn ich's Ihnen doch sage! Wissen Sie was? Wir setzen Ihre Idee um, dann werden Sie schon bald sehen, wie recht ICH habe.«

Bingo!

Diese Strategie nenne ich die DDSS, die Devote-Durchsetzungs-Strategie.

Höllenregel 1: Nehmen Sie die Zweifel des Misserfolgsvermeiders vorweg und erklären Sie ihn stets in Ihrem Anliegen zum Ratgeber und Mentor.

Die korrekte Sybille

Nachdem mir Monika, meine Assistentin, die Termine für heute vorgelegt hat, treffe ich Sybille. Sie arbeitet im Controlling. Bitte nicht falsch verstehen, kaufmännische Steuerung und Kontrolle ist in jeder mittelgroßen Firma wichtig, und dort ist diese Sorte Mensch, die ich nun beschreiben werde, noch am besten aufgehoben. Es geht mir bei Sybille aber nicht um das »Was«, sondern um das »Wie«. Das »Wie« ist bei allen *korrekten Sybilles* gleich. Um das an dieser Stelle noch einmal deutlich zu machen: In Ihrer Firma ist die *korrekte Sybille* vielleicht der *korrekte Konrad* und arbeitet im Marketing oder im Vertrieb. Damit Sie sich das »Wie« aber besser vorstellen können, will ich Ihnen unsere Sybille zunächst einmal genauer beschreiben. Ich bin sicher, Ihre *korrekte Sybille* sieht ganz anders aus, so wie alle Figuren, die ich beschreibe, in Ihrer Firma anders aussehen werden, aber die Transferleistung vom Besonderen ins Allgemeine schaffen Sie schon selbst. Ich bin sicher: In meinen Figuren werden Sie Ihre Kollegen wiedererkennen.

Ich hatte heute einen »Rücklauf« auf dem Tisch. Das heißt: Sybille hatte an meiner letzten Reisekostenabrechnung etwas auszusetzen. In so einem Fall kommt unsere Bürohilfe, Herr Schmidtbauer, der übrigens auch zu meiner Gruppe der Nein-Kollegen gehört und den Sie später im Kapitel »Die Bored-Identität« wiedertreffen werden, mit der Hauspost mit dem Aufdruck »Rücklauf« zu mir zwecks Nachbearbeitung. Damit dieses Korrigieren der Abrechnung aber nicht ewig dauert und auf dem Hauspostweg nicht ständig hin und her geht, mache ich mich persönlich auf den Weg zu Sybilles Arbeitsplatz. Fehler! Großer Fehler!! Richtig großer Fehler!!! Aber sehen Sie selbst:

Sybille hat eine indianische Friedenspfeife auf dem Schreibtisch, die auf einem Ständer aus kanadischem Ahornholz ruht. Schon Sybilles Stimme zu hören, weckt in mir leichtes Unbehagen. »Hallo, Herr Schmitt, wie war Ihr Wochenende?«, flötet sie. Aber nicht, weil es sie interessieren würde, sondern weil Small Talk einfach so unglaublich wichtig ist für das Betriebsklima. Zu diesem Thema hat sie eine fünftägige Fortbildung bei der Friedrich-Ebert-Stiftung gemacht. »Small Talk for Big Business« oder »Softe Faktoren für harte Fakten«.

»Gut, danke der Nachfrage«, antworte ich so knapp wie möglich, um sofort zum Wesentlichen zu kommen: »Es stimmt etwas mit meiner Reisekostenabrechnung nicht?«

»Herr Schmitt, was sind Sie denn so in Eile? Wir sind doch hier nicht auf der Flucht.« Au weia, ich ahne, was jetzt kommt. Worauf sie mir erst mal ein *Tässchen Kaffee* anbietet, obwohl sie weiß, dass ich mir vor einer halben Stunde erst selbst einen Kaffee geholt hatte.

»Jetzt setzen Sie sich erst mal, und dann besprechen wir das in aaaalllllerrr Ruhe!« Sie läuft in die Kaffeeküche und ruft mir zu: »Nur mit Milch, ich weiß. Dabei müssten Sie doch gar nicht auf die Linie achten, Herr Schmitt.« Dann kommt sie zurück und sagt: »Nehmen Sie sich mal einen Keks, die sind selbstgebacken! Wissen Sie, was mein Vater früher zu sagen pflegte?« Sie ändert ihre Stimmfarbe und spricht sonor weiter: »Iss was, Kind, dass du was wirst! Nichts bist du schon lang.«

»Au weia, au weia«, denke ich und kaue auf dem Keks.

»Was mein Vater wohl gemeint hat mit ›Nichts bist du schon lang‹?«

»Kein Ahnung«, knuspere ich.

»Sehen Sie, ich auch nicht. Und darauf will ich hinaus: Man sagt manchmal Dinge, die man gar nicht so meint. Mein Vater wollte damit sicher nicht sagen, ich wäre ein Nichts. Er wollte nur witzig sein. Also, egal, was wir jetzt gleich besprechen: Nichts wird so heiß gegessen, wie es gekocht wird«, lächelt sie mich an.

»Es geht doch nur um eine beknackte Reisekostenabrechnung, sag mir, was falsch ist, und damit hat sich's!«, denke ich, aber das sage ich nicht, sondern lasse mich ganz auf mein Gegenüber ein, so wie wir es in unserem letzten Teamleitermeeting verabredet haben. Ich antworte mit ruhiger und sachlicher Stimme: »Ich bin sicher, Frau Gründler, wir werden gemeinsam eine vernünftige Lösung finden.« Sie lächelt schon wieder: »Sehen Sie, Herr Schmitt, wir verstehen uns. Egal, wie unterschiedlich unsere Positionen auch gleich sein werden, man muss sich danach doch noch gerade in die Augen sehen können. Darum geht es doch.«

Ich denke naiverweise, es gehe um die Reisekostenabrechnung, aber anscheinend nicht, denn Sybille fährt fort und ist jetzt ganz in ihrem Element: »Man muss sich ein Gespräch wie einen Eisberg vorstellen: Neunzig Prozent liegen unterhalb der Wasseroberfläche, zehn Prozent darüber. Und jetzt kommt es: Nur zehn Prozent gehören zur Sachebene des Gesprächs, neunzig Prozent zur Beziehungsebene. Habe ich nicht recht?«

Wenn ich den Ratgeber, aus dem die *korrekte Sybille* das zitiert hat, nicht auch selbst gelesen hätte, wäre ich vielleicht beeindruckt gewesen, so aber nicht.

Nichtsdestotrotz hat sie mich da, wo sie mich haben will. Ich frage so freundlich wie möglich, so freundlich, als sängen Engel im Himmelschor, und lege jetzt sogar meinen Kopf dabei schief, wo denn nun mein Fehler liege bei der Reisekostenabrechnung. Jetzt legt sie richtig los: »Herr Schmitt, niemand unterstellt Ihnen, wenn Sie auf Dienstreise sind, Sie würden diese mit privaten Angelegenheiten … verquicken. Ist das nicht ein schönes, altes, deutsches Wort, dieses ›verquicken‹, welches viel zu selten verwendet wird, Herr Schmitt?«

Wie in Trance nicke ich. »Aber, Herr Schmitt …«, sie macht eine bedeutungsvolle Pause, »Sie dürfen, wenn Sie alleine reisen, kein Doppelzimmer abrechnen.« Ich kläre auf: »Es war kein anderes mehr frei, und außerdem hat man mir nur den Preis eines Einzelzimmers berechnet.« Man sollte annehmen, die Diskussion wäre damit beendet. *Sollte* man, doch Frau Gründler fährt fort: »Aber so steht es nicht auf der Rechnung, und das ist entscheidend. Außerdem ...«, und schon wieder macht sie eine Pause, aber diesmal ohne zur Seite geneigten Kopf und diesem Sympathie heischenden Lächeln, »hätten Sie vorher drei Vergleichsangebote von Hotels in der Umgebung einholen müssen, um sicherzustellen, dass in dieser Kategorie nicht ein anderes günstiger ist, und die Angebote dann in schriftlicher Form der Rechnung beifügen sollen.«

Pause. In einem Theaterstück stünde an dieser Stelle das Wort »Pause«. Nicht, dass wir uns falsch verstehen, nicht der Hinweis auf die Pause des Stückes, in der man raus ins Foyer geht, dort gelöst eine Brezel isst und plaudernd einen Schluck Sekt schlürft, sondern diese dramatische, psychologische Pause. Die Pause, bei der das Stück weitergeht, aber die betroffenen Figuren feststecken in einem quälend langen Augenblick der Stille. Einer Stille, die alles um einen herum zu verschlingen droht.

Konsterniert frage ich fünf Stunden später: »Und? Was muss ich jetzt tun?« – »Herr Schmitt, ich fürchte, Sie müssen bei diesem Hotel anrufen und fragen, ob man Ihnen dort rückwirkend eine Rechnung ausstellt über ein Einzelzimmer für den besagten Tag. Und in Anbetracht dessen, dass in Niederwurzelbach wohl keine drei Hotels in derselben Kategorie existieren ...« – Sie ahnen es bereits, Sybille macht wieder eine Pause und fährt dann großmütig fort: »... verzichte ich in diesem Fall auf die drei Vergleichsangebote.« Und weiter: »Da will ich mal nicht so sein. Da lassen wir mal fünfe grade sein. Wir sind ja schließlich alle nur Menschen. Und keine Maschinen! Das wäre ja noch schöner, wenn man sich durch solche Bürokratismen das Leben zur Hölle machen würde. Nein, nein, nein, irgendwo muss es doch auch menschlich bleiben – human! Sonst ersticken wir bald an unseren Regeln, und keiner traut sich mehr, sich zu bewegen. Dann herrscht Stillstand ...«
    Ich verspüre den Drang, auf der Stelle nach Hause zu gehen.

Sybille ist hängen geblieben. Loop. Endlosschleife. »… und dann sind die Regeln nicht mehr für die Menschen da, sondern die Menschen für die Regeln. Dann herrscht in dieser Firma bald eisige Kälte. Aber nicht mit mir, dafür werde ich sorgen. Sie müssen es ja keinem erzählen, Herr Schmitt, dass ich da mal eine Ausnahme gemacht habe. Sonst kommen sie ja alle angelaufen. Das geht natürlich auch nicht. Das wäre ja dann das umgekehrte Extrem. Dann gäbe es hier Chaos. Wie damals bei den Hippies …«

Ich weiß nicht, wie lange ich, ohne etwas zu sagen, so sitze. Und ich säße vielleicht immer noch so da, hätte mich ein Satz nicht aus meiner inneren Versenkung auftauchen lassen: »Ach, bin ich froh, Herr Schmitt, dass Sie so viel Verständnis zeigen und man mit Ihnen so offen reden kann.« Inhaltlich eigentlich ganz harmlos, aber die *korrekte Sybille* nimmt dabei ihre Brille ab, steht hinter ihrem Schreibtisch auf und kommt langsam auf mich zu.

»Wissen Sie, Herr Schmitt, es gibt nicht viele in dieser Firma, mit denen man sich so gut unterhalten kann wie mit Ihnen. Sagen Sie, mögen Sie Sushi?«

In Comics kommt in solchen Momenten ein »KAWUMMS!« oder »SMAAASHHH!!!«. Ich habe gerade das Gefühl, Sybille hätte sich die Kleider vom Leib gerissen und wäre auf den Schreibtisch gesprungen.

Plötzlich bin ich hellwach. Da haben wir es: Sprachlosigkeit hat manchmal mehrere Interpretationsmöglichkeiten. Es ist wirklich nicht vorstellbar, aber die *korrekte Sybille* ist gerade dabei, einen großen Fehler zu machen. Und ich bin derjenige, der es ausbaden muss. »Äh, also, äh … Ich glaube äh, ich muss dann langsam wieder … Sushi, äh … Grundsätzlich eine sehr schöne Idee, aber ich hatte vor vier Wochen eine Fischvergiftung. Seitdem bin ich vorsichtig … Das müssen wir aber unbedingt mal machen … Ich, äh … rufe bei dem Hotel an … wegen der Rechnung … Und vielen Dank für Ihr … äh … Entgegenkommen.«

Ich bin mir nicht mehr ganz sicher, ob ich sie beim Rausgehen beiseitegeschubst habe oder nicht, aber irgendwann sitze ich kreidebleich in meinem Büro und male mir aus, wie die *korrekte Sybille* nachts in meinem Schlafzimmer … Das wollen Sie nicht wissen. STOP! AUS! ENDE!

Oder vielleicht doch? Seien Sie ruhig ehrlich! Ich würde das nicht falsch verstehen. Ich hätte dafür Verständnis. Schließlich könnte es ja interessant sein, sich vorzustellen, wie so eine Bleistiftdreherin wie die *korrekte Sybille* mal so richtig aus sich herausgeht. Natürlich könnte an dieser Stelle genauso gut ein Bleistiftdreher stehen. Nur noch mal zu Erinnerung: Dies ist überhaupt kein ›klassisch weibliches‹ Phänomen, in meiner begrenzten männlichen Fantasie fällt es mir nur leichter, mir das Kommende aus der Perspektive des Mannes auszumalen. Wie so eine zwanghafte Persönlichkeit wie die korrekte Sybille mal etwas ganz Zwangloses versucht. Mal was ganz Verrücktes, Verruchtes macht. Was glauben Sie? Sind diese Erbsenzähler-Typen eher echte Granaten auf diesem Gebiet, im Sinne von ›Wehe, wenn sie losgelassen‹, oder betrachten sie auch diese Angelegenheit als ein Gebiet, bei dem man mit Akribie und Genauigkeit weiterkommt? Im Sinne von: »Beginnen wir nun zunächst einmal mit dem Vorspiel. Wenn Sie so freundlich wären und zunächst einmal meine Ohrläppchen mit Ihrer Zungenspitze gefühlvoll umkreisen. Bitte im Uhrzeigersinn, wenn's keine allzu großen Umstände macht.«

»Sehr gerne, soll ich das Ohrmuschelinnere dabei aussparen oder nicht?«

»Gerne auch das Innere des Ohres, wenn Sie nur so freundlich wären und nicht hineinatmen könnten, das wäre mir sehr recht.«

»Kein Problem, ich sauge, ich sauge.«

»Sehr gern, saugen Sie, saugen Sie, Sie Lustmolch …«

Na ja, ich glaube, Sie wissen, was ich meine. Aber lassen Sie uns dieses amouröse Gedankenspiel wieder verlassen. Schließlich soll ja nicht der Eindruck entstehen, ich wollte durch kleine Anzüglichkeiten versuchen, das Buch leserfreundlicher und damit noch kommerzieller zu gestalten. Wieder zurück zu Sybille!

Seit einigen Tagen habe ich alles daran gesetzt, Sybille in der täglichen Arbeit nicht zu begegnen. Ich dachte, wenn erst mal Gras über die Sache gewachsen ist, kann man leichter so tun, als wäre nichts gewesen.

Nach dem vierten Tag bin ich mir auch gar nicht mehr so sicher, ob Sybille mit ihrem Sushi-Angebot tatsächlich irgendetwas im Schilde führte oder ob ich mir das Ganze nur eingebildet habe.

Ich habe nicht.

»Sie gehen mir aus dem Weg, Herr Schmitt.« Ich stehe in der Kaffeeküche, mit dem Rücken zur Tür und habe sie nicht hereinkommen hören. Sie stellt sich scheinbar zufällig neben mich, während sie so tut, als wolle sie sich Tee machen.

»Ich, also nein, wie kommen Sie denn darauf, wieso sollte ich?«

»Seit neulich, in meinem Büro … Wir sollten darüber sprechen.«

»Worüber sprechen?«

»Ach, tun Sie doch nicht so! Sie wissen, was ich meine. Und ich spüre, dass ich Ihnen auch nicht ganz gleichgültig bin. *Wir müssen reden.*«

O Gott, wie kann man mit so einer fleischgewordenen Zahlenmaschine über Gefühle sprechen? Und dann auch noch über Gefühle, die gar nicht existieren? »Ich Mann. Sie Frau. Sie Interesse an mir. Ich kein Interesse an Ihnen. Zukunftschancen gleich null. Redebedarf gleich null. Macht in der Summe: Doppelnull. Auf Wiedersehen.« Sage ich natürlich nicht.

Stattdessen, die *korrekte Sybille*: »Sie haben mich beiseitegestoßen, Sie Grobian.«

»Oh, das tut mir leid!«

»Angenommen … Aber wissen Sie was?«

»Was denn?«

»Sie werden es nicht glauben, aber es hat mich …«

Ich muss sie unterbrechen, obwohl mir eigentlich die Worte fehlen: »Äh … Sagen Sie mal, hat sich das Hotel wegen der Einzelzimmerrechnung bei Ihnen gemeldet, und die Monatsabrechnung und unsere letzten Quartalszahlen, sind da nicht einige Dinge, die …«

»Nein, sind da nicht …«

Ich erinnere mich plötzlich an den Film mit Michael Douglas und Demi Moore, in dem es um den sexuellen Übergriff einer Frau an einem Mann geht. Was macht man in einer solchen Situation? Ich meine so, dass alle Beteiligten ihr Gesicht wahren können? Oder zumindest ich??

»Frau Gründler«, fange ich vorsichtig an, »ich schätze es sehr, eine so gewissenhafte Kollegin wie Sie in unserer Abteilung zu wissen. Und möglicherweise habe ich Ihnen gegenüber aufgrund dieser beruflichen Wertschätzung in der Vergangenheit unklare Signale ausgesandt. Das tut mir sehr leid.«

Wie könnte ich ihr denn sagen, dass ich aufgrund ihrer absurden Pedanterie in Wirklichkeit vor Grauen erstarrt anstatt liebestrunken fasziniert bin? Wie kann ich denn ahnen, dass es Menschen gibt, die wegen ihrer analytischen Herangehensweise an alles und jeden sowie ihres mangelnden empathischen Verständnisses zu solch groben Fehleinschätzungen gelangen?

Also sage ich: »Lassen Sie mich ganz ehrlich sein …« Noch bevor ich zu Ende sprechen kann, dreht sie sich auf dem Absatz um und läuft aus der Kaffeeküche. Ich habe den Eindruck, sie ist auf einen Schlag zur Besinnung gekommen, und ohne dass ich weiter sprechen musste, ist ihr die Absurdität ihrer Vorstellung schlagartig bewusst geworden. Und um nicht wie eine Idiotin dazustehen, läuft sie lieber einfach weg. Vielleicht sollte ich ihr nachlaufen, um sie zu trösten, dann wäre mir der Horror, der danach passiert, vielleicht erspart geblieben. Aber da ich zunächst einmal nur froh bin, aus dieser Situation einigermaßen glimpflich herausgekommen zu sein, gehe ich in mein Büro und überlasse sie ihrem Schicksal.

Die Tage danach sind ein Alptraum. Begegnen wir uns auf dem Flur, ist es, als ginge ein Eisblock an mir vorbei, der mit den Augen Eispfeile verschießt. So kann also Rache nach Zurückweisung aussehen, spekuliere ich. Aber wie kann aus einem so Ratio-gesteuerten Wesen so viel blinde Wut herausspritzen? Sie lässt keine Gelegenheit aus, ihre verbale Spitzfindigkeit an mir auszuleben.

»Herr Schmitt, ich weiß, in Ihren Augen bin ich jemand, der keine besondere Beachtung verdient, aber wären Sie bitte so freundlich, auch die Kopien Ihrer Kostenbelege zu unterschreiben? Auch wenn ich in Ihren Augen eine höchst überflüssige Position bekleide, wäre ich Ihnen sehr verbunden, wenn Sie sich an die bürokratischen Mindestanforderungen halten würden! Ich denke, es wäre in beiderseitigem Interesse, wenn ich Sie wegen solcher Formalitäten so wenig wie möglich persönlich aufsuchen müsste.«

Sie können sich vorstellen, dass ich auf derartige Anfeindungen versuche, so devot und deeskalierend wie möglich zu reagieren. Was Sybille aber nur noch mehr herausfordert.

»Herr Schmitt, sparen Sie sich bitte Ihre mitleidigen Blicke und unterlassen Sie auch diese scheinheiligen Bemühungen, so zu tun, als wäre nichts geschehen. Es würde mir vollkommen ausreichen, wenn Sie die allgemeingültigen organisatorischen Abläufe einhalten würden und Ihre sozio-emotionalen Fraternisierungsversuche unterlassen könnten.«

Irgendwann denke ich mir einfach immer, wenn ich Sybille sehe: »Schmitt, Fresse halten! Einfach Fresse halten!« Das geht so weit, dass mich schon andere Kollegen, die uns beide beobachtet haben, beiseitenehmen und fragen, warum ich denn so distanziert gegenüber Sybille sei. Das bringt mich natürlich ganz schön in Erklärungsnot: »Ja, also Sybille, nein, wie kommt ihr denn darauf, alles in Ordnung, mit Sybille und mir ist alles bestens, ich bin nur gerade etwas … wie soll ich sagen … fokussiert. Ja, genau, fokussiert auf meine Arbeit, ich hab gerade so viel um die Ohren, das wirkt dann von außen manchmal etwas abweisend. Alles bestens, macht euch keine Sorgen.« So und so ähnlich laviere ich mich aus der Situation. Einmal beugt sich ein Kollege zu mir rüber und meint, mit Blick Richtung Sybille, sehr leise: »Mal ganz ehrlich, ich könnte es ein Stück weit verstehen. Findest du nicht auch, dass sie oft einfach viel zu kleinlich, umständlich und rechthaberisch in allem ist. Eine echte Krämerseele?« Ich winde mich: »Ach, das würde ich so jetzt nicht sagen, sie ist eben … gern genau und gründlich. Ist doch toll.« Ich habe aus unerfindlichen Gründen die Angst, Sybille hätte über Nacht die Kunst des Lippenlesens erlernt und warte nur darauf, dass ich mir den nächsten zwischenmenschlichen Lapsus erlaube.

Wenn ich dies selbst lese, bin ich wirklich überrascht, wie viel Zeit meiner täglichen Arbeit ich damit zubringe, Sybille keinerlei neue Angriffsflächen zu liefern. Ich kann nur hoffen, dass Sie sich, lieber Leser, nicht auch in einem Konfliktverhältnis mit einer *korrekten Sybille* befinden – das zehrt, gelinde gesagt, etwas an den Nerven. Zugegeben, bei mir kam durch dieses kleine, beinahe-amouröse Zwischenspiel noch eine nicht unerhebliche Erschwernis hinzu, aber ich glaube, mit so einer Wortklauberin und Paragrafenstute möchte man unter gar keinen Umständen einen Disput führen. Mit oder ohne amourösem Zwischenspiel. Ich bin allerdings überzeugt: Noch kräftezehrender als der Streit selbst ist die permanente krampfhafte Vermeidung desselben!

Wie versprochen folgt nun ein Rat bezüglich des soeben beschriebenen Typus der »korrekten Sybille«. In diesem Fall ist er kurz und knapp: Aus dem Weg gehen, nicht ansprechen, nicht füttern. Im Intranet blocken und sich auf keinen Fall mit diesem Typus paaren. Andernfalls dreht Ihnen die *korrekte Sybille,* der *korrekte Konrad, ...* sowieso jedes Wort im Mund herum.

Hier empfehle ich die von mir entwickelte »Klapperschlangen-Methode«: Stay away!

Somit lautet die Höllenregel 2: Wahren Sie innerlich Distanz und halten Sie räumlich Abstand.

Mr. Facebook

Heute geht es mir besonders schlecht. Ich muss einen Kollegen beschreiben, der mir schon während des Schreibens, wenn ich nur an ihn denke, die Laune verhagelt: Manuel Wiegärtner. Von mir auch *Mr. Facebook*.

Als er bei uns in der Firma angefangen hat, dachte ich noch, es handele sich bei meinem Gefühl ihm gegenüber um simple Antipathie. Ich dachte, er wäre einfach diesen Hauch zu freundlich, zu zugänglich, zu offen, zu charmant, zu kommunikativ dafür, dass er erst seit Kurzem in unserem Unternehmen arbeitet. Aber später merkte ich, dass dieses Gefühl ihm gegenüber einen anderen Ursprung hat: Es kam aus der Tiefe meiner Seele, bohrte sich durch die Leber und ließ meine Galle überkochen.

Manchmal dachte ich sogar, ich würde, wenn er in der Nähe war, meine Gesichtsfarbe ändern, So wie Hulk. Ich hatte tatsächlich das Gefühl, ich würde grün werden: und zwar vor NEID! Ja, es war Neid, den ich Manuel Wiegärtner gegenüber empfand. Ein Neid, der mit einem zweiten Gefühl eine widerwärtige Koalition einging: der VERACHTUNG.

Lassen Sie mich das erklären: *Mr. Facebook* ist, wie schon erwähnt, noch gar nicht lange bei uns im Unternehmen. Aber aufgrund seiner lockeren Art kommt er ins Gespräch. Kommt er leicht ins Gespräch. Kommt er mit vielen leicht ins Gespräch. Denn er kann etwas, was mir abgrundtief fremd ist: Er plaudert. Er plaudert und lacht. Er plaudert viel und lacht gern. Und zwar mit jedem. Er scherzt, macht auch mal ein schmutziges Witzchen. Weiß aber auch, dass es ein solches war. Und raunt dann mit tiefer Stimme: »Hohoho.« Schickt witzige E-Mails herum. Sie wissen schon, so Bilder, in denen erschrockene Menschen in einem Großraumbüro abgebildet sind, und über einem der Computer sieht man eine Sprechblase mit: »Welcome to the first sex site with sound.« Ekelhaft. Aber alle in seinem Büro schmeißen sich weg vor Lachen. »Da schmeißt du dich weg«, heißt es dann. Kann man auch mehrmals wiederholen, falls das Lachen über den letzten Witz gerade abebbt. »Da schmeißt du dich weg VOR LACHEN!«

Auf jeden Fall ist *Mr. Facebook* mit vielen sofort ganz dicke. Ich weiß nicht, wie er es macht, aber alle duzen ihn nach kürzester Zeit.

Neulich hat ihm eine Kollegin sogar ein Post-it auf den Rücken geklebt mit: »Bitte nicht ansprechen, ich bin nur Deko.« Und was ist passiert, als er es endlich gemerkt hatte? Richtig: Alle haben sich WEGGESCHMISSEN!! Man kann also uneingeschränkt sagen: Er ist beliebt. Abstoßend beliebt. Und jetzt kommt das Schlimmste: Unabhängig von seiner beruflichen Leistung! Ja, tatsächlich. Er ist keine Leuchte, fachlich ganz sicher nicht der »Burner«, und, was seine Projektorganisation anbelangt, eindeutig Mittelmaß. Aber das scheint keinen zu stören. Ganz im Gegenteil. Selbst bei unserem gemeinsamen Vorgesetzten scheint das keine Rolle zu spielen. Und das ist es, was *Mr. Facebook* so unerträglich macht.

Denn während ich, der ich schon mehrere Jahre im Unternehmen bin und immer Topleistung abliefere, aber dabei ganz sicher auch den einen oder anderen lockeren Spruch draufhabe und manchmal Sätze raushaue, wo man zweimal überlegen muss, bis man auf die Pointe kommt … Also, obwohl ich schon so lange im Unternehmen bin und auch nicht auf den Mund gefallen, bin ich mit meinem Vorgesetzten immer noch beim Sie. Obwohl ich jede Weihnachtsfeier viel Energie darauf verwende, an seinem Tisch zu sitzen.

Mr. Facebook war das aber schon nach wenigen Wochen nicht mehr, und es lag keine einzige Weihnachtsfeier dazwischen, geschweige denn ein Betriebsausflug.

Aber es kommt noch schlimmer. Lassen Sie mich das genauer ausführen: Es ist Mittagszeit. Zeit, in die Kantine zu gehen. Monika, meine Sekretärin, ist heute bei ihrem Kuschelkurs. Ja richtig, Sie haben sich nicht verlesen: Kuschelkurs! Wildfremde Menschen, in der Regel Singles, begegnen sich auf bequemen Liegewiesen, umarmen und liebkosen sich zärtlich – ausdrücklich ohne im Nachhinein Sex miteinander zu haben …!

Wie Ihnen vielleicht schon aufgefallen ist, bin ich, was Frauenangelegenheiten angeht, eher ein Mann der alten Schule, Zärtlichkeiten ohne Sex, na ja, dann doch lieber umgekehrt …

Dass Monika nicht hier ist, bedeutet aber, dass ich niemanden habe, der mich in die Kantine begleitet. Also gehe ich alleine. So etwas sollte verboten werden! Kurz denke ich über die Einführung von Kantinenregeln nach. Schon in der Warteschlange vor der Essensausgabe versuche ich so unbemerkt wie möglich, das Gelände zu sondieren:

Wer sitzt wo, wie gelaunt, mit wem am Tisch? Wer sitzt alleine? Und warum alleine? Wer hat noch wie viel auf dem Teller? Wo könnte ich mich dazusetzen? Aber so, dass derjenige Kollege nicht aufsteht, kurz nachdem ich mich gesetzt habe? Neben wen setze ich mich, ohne dass der Eindruck entsteht, ich hätte es nötig, neben ihm oder ihr zu sitzen, nur um nicht alleine in der Kantine zu essen? Am Ende erwäge ich ernsthaft die Option, ob ich mich zur *korrekten Sybille* setzen soll, aber die glotzt so kuhäugig in meine Richtung, dass ich den Gedanken schnell wieder verwerfe.

Langsam habe ich das Gefühl, alle in der Kantine hätten bemerkt, dass ich mir über solche Dinge Gedanken mache, und beginne mir betont locker, lässig und gut gelaunt Besteck aus dem Besteckkasten zu nehmen.

Ein bisschen Summen dabei, denke ich, könnte den Eindruck meiner guten Laune noch unterstreichen, und so wähle ich: »It's my life« von Dr. Alban als inneres Mantra.

Es hilft, und bei dem Personal hinter der Essensausgabe entsteht tatsächlich der Eindruck, ich sei bester Stimmung. Das lässt mich mutig werden: »Einmal den frischen Fisch auf den Tisch und dazu die Quiche«, trällere ich. Sie verzieht keine Miene. »Humorlose Person«, denke ich und: »Einen Dreifachreim in einem so kurzen Satz unterzubringen, hätten Menschen mit höherem Schulabschluss sicherlich honoriert«, hinten dran.

Gut, dann muss ich eben ohne Erfolgserlebnis in den schlimmsten Teil der Mittagspause: den Gang, die endlose Strecke mit Tablett in der Hand von der Essensausgabe bis zum Sitzplatz. Diese vermeintlich wenigen Meter in der Kantine, die ziehen sich wie Kaugummi. Die Füße werden schwer und scheinen am Boden festkleben zu wollen.

Die wenigen Meter also, in denen ich Gefahr laufe, mich für eine Gruppe von Menschen zu entscheiden, zu denen ich mich gerne setzen möchte, die aber, wenn sie mich erblicken, die Schultern um einen Nanomillimeter nach vorne ziehen, wodurch sich offenbart, dass sie mich eigentlich lieber nicht an ihrem Tisch haben wollen, sodass ich dann so tun muss, als hätte ich nie den Wunsch gehabt, mich dazuzusetzen. Um mich dann vollkommen souverän alleine an einen Tisch zu setzen. Wir brauchen dringend Kantinenregeln!

Und wenn ich dann endlich alleine an einem Tisch sitze und krampfhaft tue, als ob ich gerne alleine in der Kantine an einem Tisch sitze, da kommt er: *Mr. Facebook!*

Ich höre ihn schon den Gang heraufschlendern wegen seiner penetranten Lache. Diese Lache, die zeigen soll: Hört her, seht, ich bin der fröhliche *Mr. Facebook*. Mit mir zusammen hat man Spaß. In meiner Umgebung ist Party, Party, Party! Hyper! Hyper!

Und tatsächlich schart sich ein Kreis von Vergnügungssüchtigen, einige Jünger dieser Fun-Kultur, eine Gruppe von Anhängern der Spaßgesellschaft um ihn.

Aber damit nicht genug, und da hätte es mir fast die Krawatte entknotet: Mein Vorgesetzter Siegfried Plech ist auch mit dabei!!!

Mein Vorgesetzter, den ich seit Jahren, außer bei meinen jährlichen Zielvereinbarungsgesprächen und bei einigen kurzen flüchtigen Grußworten auf dem Gang, beinahe gar nicht spreche. Der flachst mit *Mr. Facebook* an der Essensausgabe herum. Das gibt's doch nicht: Hat der Büro-Party-Scooter jetzt meinem Chef gerade die Schulter geknufft? Hat er das? Nein, das hat er nicht … Doch, er hat!

Ah, super, dann wird ihm der Chef gleich die Meinung geigen und ihm sagen, dass er solche Vertraulichkeiten gefälligst zu unterlassen habe.

Nein, das kann doch nicht wahr sein: Jetzt wird *er* geknufft. Von meinem Vorgesetzten! Und alle lachen. »Hey, pass bloß auf! Hahaha!«, »Noch einen, und es setzt was, Hahaha!« Vielleicht verstecke ich mein Gesicht einfach in der Quiche. O Gott, zu diesem Zeitpunkt dachte ich, es ginge nicht schlimmer. Dem war aber nicht so, denn die flachsende, balgende Gute-Laune-Party-Gruppe kommt direkt auf mich zu.

Was mache ich, wenn einer von ihnen mich anspricht und so was fragt wie: »Na, ganz alleine hier?« Was antwortet man auf die Frage: »Na, ganz alleine hier?«

Wenn Sie eine Antwort wissen sollten auf die Frage: »Na, ganz alleine hier?«, wenn man gerade in der Kantine sitzt, in der Firma, in der man schon seit Jahren arbeitet, dann, bitte, schreiben Sie mir! Schicken Sie mir Ihre Antwort! »Ja, ganz alleine, stört's wen?«, »Nein, mein Kollege kommt gleich, machen Sie sich keine Sorgen.« Oder: »Lasst mir einfach meine Ruhe, ihr Arschkrampen, ich muss nachdenken!« Alles, was besser ist als das, können Sie mir schicken.

Aber, und jetzt halten Sie sich fest, es kommt noch schlimmer!

Am besten, Sie legen das Buch einen kurzen Moment zur Seite und atmen ein paar Mal tief durch, bevor Sie weiterlesen.

Denn, Sie werden es nicht glauben, aber *Mister-ich-kenne-jeden-und-hab-mit-jedem-Spaß-Blödmann-Facebook* sagt zu mir, laut, vor seinem Gefolge, und auch genau so laut, dass es mein Boss gut hören kann: »Herr Schmitt, wollen Sie sich nicht zu uns rübersetzen?« Da bist du erst mal sprachlos. Ich wiederhole es noch mal: »Herr Schmitt, wollen Sie sich nicht zu uns rübersetzen??« Ich bin der tiefen Überzeugung: Das war pure Absicht!

Schütte nur Salz in die offene Wunde, gieß nur Öl ins Feuer, so und nur so sieht wahre Firmenhintertriebenheit aus. Das ist Gute-Laune-Mobbing!

Er will mich fertigmachen, vor allen Leuten. Aber nicht mit mir!

Mitleid ist wirklich das Letzte, was ich gebrauchen kann, das sag ich Ihnen. Salz in die offene Wunde streuen und dann so tun, als wäre das eine ganz harmlose Einladung, das ist wirklich das Allerletzte. Aber da muss er früher aufstehen. Bei so was kenne ich nur eins: Rein! Mitten rein!

Ich hebe langsam meinen Kopf, blicke ihn freundlich an und sage: »Aber sehr gern.«

Boah, das Gesicht hätten Sie sehen sollen. Damit hat er nicht gerechnet.

Eine Nanosekunde lang war er fassungslos. Und ich setze noch einen drauf, um ihn richtig allezumachen: »Bin ich froh, es ist so öde, allein in der Kantine zu sitzen. Sehr gern.«

SMASH! Die totale Offenheit. Damit hat er nicht gerechnet. Ich schlage ihn mit seinen eigenen Waffen! Spiele das Spiel mit!

Ich stehe also auf, nehme mein Tablett und setze mich direkt neben ihn und genau gegenüber von meinem Chef.

Er tut selbstverständlich so, als würde ihm das nichts ausmachen. Und ich muss zugeben, das macht er sehr überzeugend. Ich gehe sogar soweit zu sagen, jeder normale Mensch, der im Gegensatz zu mir keine Bücher schreibt, würde ganz sicher auf sein Täuschungsmanöver hereinfallen, aber ich natürlich nicht.

Ich weiß also, ich muss nur lange genug so tun, als wäre es für mich die pure Freude, mit ihm und meinem Chef an einem Tisch zu sitzen, dann würde ihn das fertig machen. Ihn zermürben.

Und so drehe ich richtig auf: »Keine Sau wollte sich an meinen Tisch setzen. Ich dachte schon, ich hätte Lepra.« Der hat gesessen. Um meinem Chef zu zeigen, dass ihn meine Strategie nicht überfordert, lacht *Mr. Facebook* und versucht, das Thema zu wechseln: »Haben Sie auch den Fisch genommen? Sind Sie katholisch?«, fragte er mich. Ah, verstehe, Small Talk ist seine neue Strategie. Sinnloses Reden über Belanglosigkeiten als vertrauensbildende Maßnahme. Er will mich einlullen.

Er will meinem Chef zeigen, dass er sogar einen wie mich knacken kann, dass er es schafft, selbst den Schmitt aufzulockern. Damit der am Ende dann sagt, wie integrativ *Mr. Facebook* sich verhält. Ein echter Networker. Der bringt die Menschen zusammen. So einen wie ihn brauchen wir. Und was wäre das Ende vom Lied? Bei meinem nächsten Zielvereinbarungsgespräch würde mein Chef sagen: »Herr Schmitt, bitte verstehen Sie es nicht falsch, ich weiß, Sie sind schon länger als *Mr. Facebook* bei uns in der Firma, und Ihre Leistungen sind in der Regel definitiv besser, aber trotzdem werden wir die neue Führungsposition mit *Mr. Facebook* besetzen statt mit Ihnen. Er ist einfach, wie soll ich sagen …, besser vernetzt.«

Abends, zu Hause, lassen mich die Gedanken an *Mr. Facebook* immer noch nicht los. Ich sehe fern, wie eigentlich jeden Abend, aber selbst auf meine Lieblingssendung: »Die erotischsten Orte der Welt«, bei D-Max, kann ich mich heute kaum konzentrieren. »Besser vernetzt« – pah! Ich bin auch bestens vernetzt. Bei mir heißt es eben *Qualität statt Quantität.*

Ich nehme mir mein Smartphone und durchstöbere das Telefonbuch: ADAC Pannendienst, ADAC PLUS Mitglied, ADAC Stauinfo, ADAC Wetter, Auskunft, Auslandsauskunft, ah, da – Alexander! Mein Schulfreund aus der Grundschule. Der hat sich ja ewig nicht gemeldet! Ach ja, klar, der arbeitet ja auch in New York. Der hat's geschafft! *Auch* geschafft. Weiter: Bernd. Wer ist noch mal Bernd? Löschen. *Qualität statt Quantität.* So, Biggi. Ich stelle den Fernseher stumm und rufe Biggi an. Es tutet – dann geht die Mailbox ran: »Hallo, hier ist Birgit Ramelow, Nachrichten bitte nach dem Piepton.« Schade – Biggi, du Luder! Okay, wen gibt es noch? Bobbel! Mein alter Dealer aus Studententagen … Was habe ich damals für lustige Partys gefeiert mit den Pillen, die er mir vertickt hat! Natürlich war ich nie süchtig, niemals, dazu habe ich einen viel zu starken Charakter, aber ich wusste das Studentenleben durchaus zu genießen, nicht nur, was die Mädels anging … Lang ist's her. Aber jetzt Bobbel anrufen? Wir haben eigentlich immer nur über das ›Geschäft‹ gesprochen. Und mir jetzt, nach so vielen Jahren, wieder Pillen zu kaufen – das sehe ich nicht. Wozu auch, Whisky-Cola ist doch so lecker?! Der Nächste in der Liste: Dr. Ernst, mein Hausarzt – habe ich gar keinen unter C? Nö, wohl nicht. Eltern. Ich schaue auf die Uhr: halb zehn, heute ist Dienstag. Da haben sie ihren Kartenspielabend, da kann ich jetzt nicht stören. Bei D-Max ist gerade Werbung für Jim Beam – gute Idee, ich gehe zum Kühlschrank und hole mir ein halbes Glas Cola, das ich mir großzügig mit Whisky auffülle. Mmh – lecker. Auf Biggi! Ich leere das Glas in einem Zug und schenke neu ein. Da soll noch mal einer sagen, Fernsehwerbung bringt nichts. Ich sollte in der nächsten Teamsitzung vorschlagen, dass die SERVICE-AG ebenfalls Fernsehwerbung schaltet! Meine Laune steigt. So, weiter im Telefonbuch: Eva – meine Ex, da rufe ich lieber nicht an. Seit sie Kinder hat, ist sie abends immer nur noch müde – *aber glücklich*, wie sie bei unserem letzten Treffen mit süffisantem Lächeln anmerkte. F gibt's wieder nicht. G – Gerhard, mein Onkel. Weiter. Holzt, Steffen, der Leiter unserer Marketing-Abteilung. Den kann ich ja mal *gar nicht* leiden. Im Fernsehen läuft jetzt Bierwerbung – ich bleibe aber bei meinem Whisky. Warum ist das Glas schon wieder leer? Egal, ich schenke noch mal nach. Ines – jetzt aber. Meine alte Studienkollegin, die war doch mal in mich verliebt, da bin ich jedenfalls sicher, sonst hätte sie doch nicht die Hälfte meiner Diplomarbeit geschrieben! Es tutet. »Ines Cravaack!?« – »Ines, mein Schmetterling!« – »Äh … Schmitt, bist du's?« – »Ja sicher, oder nennt dich sonst noch jemand Schmetterling?« – »Was kann ich für dich tun?« – »Nun mal nicht so förmlich!« – »Hast du getrunken?« – »Nein, wie kommst du denn darauf?« Ich schaue auf die halb leere Whiskyflasche. Sie fragt: »Findest du es nicht ein bisschen spät?« – »Für so alte Freunde wie uns ist es doch nie zu spät.« – »Schmitty, nimm's nicht persönlich, aber ich bereite noch eine Präsentation für unseren Vorstand vor. Also, wenn's nichts Wichtiges gibt …« – »Tja, äh … Arbeitest du immer noch bei diesem Energieriesen?« – »Ja, zweite Führungsebene. Schmitty, wie gesagt, ich muss jetzt wirklich weitermachen.« – »Gut, dann tschüss. Und melde dich mal wieder …« Sie hat schon aufgelegt.

Gut, wo war ich in der Telefonliste? I, J, K, L, M, N, O, P, Q – Wer hat schon jemand bei Q? Höchstens die Freunde von Quentin Tarantino. Von dem habe ich doch noch einen Film auf DVD –

»Kill Bill«, eins und zwei. Den schaue ich jetzt und kille dabei den Whisky.

Uma Thurman ist spitze. So jemand bräuchten wir in der SER-VICE-AG! Ich stelle mir vor, wie ich mir einen gelben Trainingsanzug kaufe und mich damit und einem Hatori-Hanzo-Schwert vor *Mr. Facebook* aufstelle …

Verstehen Sie, was ich Ihnen sagen will: Diese Kollegen, das sind Ihre Feinde, die es mit allen Mitteln zu bekämpfen gilt. Die Netten! Nicht die Griesgrämigen, Sturköpfigen, Engstirnigen! Deswegen mein Rat, für den sich der Preis dieses Buches schon gelohnt hat: Lachen Sie bei den schlechten Witzen der Griesgrämigen, und verziehen Sie keine Miene bei den guten Witzen der Netten!

So, jetzt aber wieder einmal ausatmen! Vielleicht ist es ja auch schon spät, während Sie hier schmökern. Und so ein Buch soll ja auch beim Einschlafen helfen und nicht andauernd nur aufregen. Lassen Sie uns dieses Exemplar der Horrorkollegen deshalb einmal ganz entspannt und unvoreingenommen im Sinne unserer ›Ratschlag-Rubrik‹ betrachten.

Ganz vorurteilsfrei, so unaufgeregt und wertschätzend wie möglich.

Diese Mr. und Mrs. Facebooks müssen wir nicht hassen. Nein, im Grunde sind es ja ganz arme Schweine. Wahrscheinlich können sie einfach nicht alleine sein. Finden alleine keinen Frieden mit sich selbst. Sie verwechseln »In Ruhe bei einem Glas Rotwein über das Leben sinnieren« mit »Sich das Hirn zermartern« und »Das Leben zergrübeln«. Brauchen Zerstreuung, permanente Ablenkung, weil sie sonst feststellen müssten, dass in ihnen selbst nichts ist. Gar nichts. Nur ein leeres Loch, wo andere eine Seele haben oder einen Glauben oder eine Persönlichkeit. Einen Charakter haben sie nicht. Nur ein großes, peinigendes Nichts. Deshalb jagen sie nach Kontakten, Freunden, Bekanntschaften, Kumpeln und Beziehungen wie andere Menschen nach Schnäppchen im Schlussverkauf. Jedes Schulterklopfen und Lachen ist für sie ein Gefällt-mir-Klick. 1453 Freunde, 1454 Freunde, 1455 Freunde. Ich, Schmitt, habe zwar nur zwölf Freunde im World Wide Web, aber die kenne ich dafür fast alle persönlich. Also, schließen Sie Ihren Frieden mit dieser Gattung. Belächeln Sie sie milde …

Und, sind Sie schon wieder ein wenig entspannter als vorhin? Nicht? Dann schließen Sie gleich mal kurz Ihre Augen und stellen Sie sich Ihre Mr. und Mrs. Facebooks Ihrer Firma als kleine Aliens vor. Wie bei dem Musikvideo des Künstlers Moby »In the World«, in dem die streichholz-großen Aliens, nachdem sie nach ihrer langen Reise durchs All auf der Erde gelandet sind, erfolglos versuchen, mit klitzekleinen Plakaten, auf denen »Hello« und »Hi« steht, Kontakt mit den Menschen aufzunehmen. Diese kleinen Aliens gehen durch die Straßen von New York und suchen Kontakt, aber keiner nimmt sie wahr. Keiner sieht sie. Und genau so geht es den Mr. Facebooks. Keiner sieht sie richtig. Keiner sieht, wie sie wirk-lich sind. Und je mehr sie strampeln, umso weniger sieht man ihr Inneres. Und desto mehr strampeln sie. Ein Teufelskreis. Ein Teufelskreis, den Sie durchbrechen können. Setzen Sie sich diesen armen Kreaturen gegen-über, und werden Sie ganz ruhig. Und wenn Sie ganz ruhig sind und Ihr Gegenüber wieder versucht, Aufmerksamkeit zu erregen bei irgend-wem, dann sehen Sie ihm in die Augen und sagen mit ruhiger Stimme: »Ich sehe dich.« Und wenn er fragt: »Wie bitte?«, dann sagen Sie noch einmal: »Ich sehe dich.« Ganz langsam und mit großer Überzeugungs-kraft.

Dann wird er sich wehren und Sie fragen, was das soll. Sie lassen sich aber nicht beirren und fahren fort: »Ich sehe dich. Ich sehe dich so, wie du bist. Du musst nicht strampeln. Du bist kein Alien, das ein Plakat hochhält, auf dem ›Hello‹ steht.« Zugegeben, das ist vielleicht eine äu-ßerst radikale Methode, um diesen Menschen zu helfen, und vielleicht wird er Sie auch fragen, ob Sie noch alle Tassen im Schrank haben. Aber Sie haben noch alle Tassen im Schrank. Sie sind der Normale unter den beiden.

Deshalb ist es für den Anfang möglicherweise besser, diese gerade ge-schriebenen Sätze in seiner Anwesenheit nur zu denken. Er wird es spü-ren. Und wenn Sie das mehrmals tun und nicht müde werden dabei, dann werden Sie in einigen Wochen, das verspreche ich Ihnen, mit ihm gemeinsam in der Kantine sitzen. Sie werden gemeinsam mit ihm in der Kantine sitzen und gemeinsam schweigen. Und dieses Schweigen wird Sie näher aneinanderbinden als alle »Likes« dieser Welt!

Begeben Sie sich mit Mr. Facebook auf den Pfad der Kontemplation.

Höllenregel 3: Seien Sie für Mr. Facebook die windstille Stelle im Zentrum des Orkans, das Auge des Sturms.

Frau Tarnkappe

Das erste Mal, dass ich ernsthaft über *Frau Tarnkappe* nachdenke, passiert bei einem Mitarbeiteressen unserer Abteilung. Mein Bereichsleiter, Siegfried Plech, will gerne »seine Zufriedenheit über das vergangene Geschäftsjahr« ausdrücken und mit uns feiern. Darum hat er zur Belohnung und als Teambuilding-Maßnahme ein Abendessen bei einem rustikalen Nobel-Italiener organisieren lassen.

Sie wissen schon: Sauteuer, aber man sitzt an Holztischen mit Papiertischdecken auf Bänken ohne Lehne, weil das so »urig, gemütlich und ursprünglich« ist. Kaum betritt man das Restaurant, begrüßen einen alle Kellner mit »Buona sera«. Man spürt sofort die Absicht, das typische italienische Flair von Dolce vita nach Deutschland zu importieren.

Ich krieg die Krätze.

Mein Problem: Ich bin zu spät losgefahren, habe keinen Parkplatz vor dem Sch…laden gefunden, und demzufolge sind auch alle Sitzplätze schon vergeben, als ich ankomme – alle, bis auf einen.

Den gegenüber von *Frau Tarnkappe*! Sie sitzt am äußersten Rand eines Tisches und als ich hereinkomme, versucht sie, durch eine überdeutliche, fast skurril wirkende Körperdrehung zum Mittelpunkt des Tisches hin das Gefühl wettzumachen, dass keiner mit ihr sprechen will.

Sie wirkt wie erlöst, als ich ihr gegenüber Platz nehme. Zunächst denke ich mir nichts dabei, als so Sätze fallen wie »Nehmt ruhig, ich hab Zeit«, als das Brot verteilt wird, oder »Nein, nein, nehmt ihr, mir reicht ein Mineralwasser«, als es um den Wein geht. Ich denke sogar: »Mensch, wie zurückhaltend.«

Aber dann erinnere ich mich an eine Szene. Ich bin damals auf dem Weg in mein Büro am Kopierer vorbeigekommen, und da stand sie schon in einer Schlange und wartete, bis sie dran war. Als ich dann zwanzig Minuten später auch zum Kopierer kam, stand sie immer noch da. Weil ich es extrem eilig hatte, fragte ich sie, ob sie mich kurz vorlassen könne. Sie antwortete: »Sie scheinen es ja mächtig eilig zu haben. Bitte!« Und ließ mich vor. Damals ist mir das nicht besonders aufgefallen, aber durch die Gespräche mit ihr beim Italiener festigt sich in mir folgendes Bild: Es gibt Menschen, die arbeiten an ihrer Unsichtbarkeit. »So weit, so gut«, denke ich mir und: »Jedem Tierchen sein Pläsierchen.«

Doch dann wird es bitter. Unser Bereichsleiter Plech ist beim Italiener so richtig in Geberlaune. Er hat wahrscheinlich einen im Tee und wird sentimental. Der Reihe nach wird jeder von ihm gelobt, gewürdigt oder mit einer netten Anekdote in den Mittelpunkt der Aufmerksamkeit gehoben. Jeder, selbst der Azubi, nur nicht *Frau Tarnkappe*. Er hat sie, obwohl sie schon mehr als zwölf Jahre in unserer Abteilung arbeitet, schlichtweg vergessen. Und das wäre wahrscheinlich niemandem groß aufgefallen, wenn nicht unser glubschäugiger, einfältiger Auszubildender, wegen der persönlichen Erwähnung mutig geworden, dreist-fröhlich fragte: »Und was ist mit Frau Clausen?« (Sie ahnen sicherlich, wen er meint: Richtig. *Frau Tarnkappe*.)

Der Chef hat sich schon wieder gesetzt. Kollektiv zugeprostet haben sich auch schon alle, und dann dieses: »Und was ist mit Frau Clausen?« O Gott, wie er rudert: »Ach, die Frau Clausen … Natürlich, o Gott, also … die, ja klar … also die … die war natürlich auch … wichtig in diesem Jahr … nicht wahr, Frau Clausen?«

Alle Blicke sind auf Frau Clausen gerichtet, und sie bringt nur kümmerlich heraus: »Ach.« Kombiniert mit so einer wegwerfenden Handbewegung, die wahrscheinlich Bescheidenheit ausdrücken soll, aber in diesem Moment nur hoffnungslos erbärmlich wirkt. Und man würde dann wahrscheinlich wieder zur abendlichen guten Laune zurückkehren, wenn unser Bereichsleiter sich nicht genötigt sähe, diesen Lapsus wiedergutzumachen. Also steht er auf und vergrößert das Leid aller Anwesenden: »Ja, also die Frau Clausen, die hat im letzten Jahr ja auch so einiges … bewegt.« Was, fragt sich jeder. Ihren etwas zu dürr geratenen Körper kann er nicht meinen. »Nein, das muss ich ja nicht extra erwähnen, was Frau Clausen für uns leistet …, wenn ich da nur an …«

Und dann kommt einfach nichts. Gar nichts. Es entsteht eine große, die allgemeine Stimmung verhagelnde Pause. Eine Pause, die auch niemand mit einem Witz oder einem blöden Spruch glaubt auflösen zu können. Eine Stille, als hätte das italienische Dolce vita mit einem Schlag aufgehört zu existieren. Kein Geschirrklappern, keine Eros-Ramazzotti-Musik, keine sonst allgegenwärtigen Buonasera-Rufe scheinen die Stille durchdringen zu wollen … Alle Augenpaare sind auf Plech gerichtet.

»… den Kopierer denke.« Wenn ich da nur an den Kopierer denke?! Jeder in der Abteilung weiß, dass für den Kopierer unser Azubi verantwortlich ist. Was also kann er gemeint haben? »Wie sie da immer so nett ist und die anderen vorlässt. Das nenne ich Teamgeist.«

Lieber Leser, Sie glauben gar nicht, was das für eine Erleichterung ist. Alle stürzen sich wie Aasgeier auf das Wort »Teamgeist«, weil es das einzig Substanzielle ist, was die Situation hergibt. »Ja, das stimmt, Frau Clausen ist ein echter Teamplayer«, scheinen alle mit bedeutungsschwangerem Kopfnicken wiederholen zu wollen. Und so geht der Abend zu Ende. Frau Clausen geht früher als alle andern, was niemanden richtig stört, und kurz vor dem Rausgehen sagt sie noch für alle hörbar: »Wenn ich jetzt gehe, bleibt für die anderen mehr.« Das hat sie sich wahrscheinlich von »Wer wird Millionär« abgeguckt. Da sagen die Kandidaten, wenn sie rausfliegen, auch immer so was wie: »Die anderen wollen ja auch noch drankommen.«

Ich glaube, es gehört zur Grundhaltung der *Tarnkappen*, darüber Anerkennung gewinnen zu wollen, dass sie anderen Raum geben. Sie verstehen sich quasi als Leerstelle zwischen zwei Wörtern. Jetzt könnten Sie natürlich anmerken: »Moment mal, das ist doch toll, diese Menschen sind einfach zurückhaltend, bescheiden, unaufdringlich und genügsam.« Ja, wenn das alles wäre, dann hätten Sie recht. Aber zumindest im Fall von Frau Clausen ist das nur die halbe Wahrheit. Denn bei ihr hat diese Bescheidenheit einen hohen Preis. Einen sehr hohen Preis.

Nach unserem Abend beim Italiener habe ich darauf mal geachtet. Sie hat an den Tagen danach nicht einfach nur schlechte Laune – sie verströmt sie geradezu.

Verstehen Sie den Unterschied? Die anderen hauen mal auf den Tisch oder motzen herum, wenn ihnen etwas nicht passt. Sie nicht. Nein, sie grämt sich still. Und dennoch spürt man ihre Verbitterung. Wir haben ein Meeting, und sie sitzt schweigend, die verschränkten Beine vom Rest der Gruppe abgewandt, mit am Tisch und schreibt das Protokoll, wie *Tarnkappen* das gerne tun. Ein Protokoll, das sowieso keiner liest. Ein Protokoll, das am Ende vollkommen rechtschreibfehlerfrei irgendwo abgeheftet wird für die absolute Vergessenheit. Denn jeder weiß, entscheidend in so einem Meeting ist: wer was wie macht oder sagt, wie sich wem gegenüber positioniert, mit wem in Beziehung setzt, Frontlinien bildet, Allianzen eingeht oder diese aufkündigt – und so weiter und so fort. Wer still in der Ecke sitzt und mitschreibt, ist einfach, ich muss es so deutlich sagen: tot.

Jetzt könnte man wieder einwenden: Das ist doch toll, jede Firma braucht auch solche Leute. Bei all den Raumverdrängern, Alphamännchen und Maulhelden ist es doch geradezu wohltuend, wenn da jemand dabei ist, der Auge und Ohr Erholung bietet. Aber das stimmt nicht. Denn die Form der Aggression der *Tarnkappen* ist zwar subtil, aber dennoch allgegenwärtig existent. Ihre schlechte Laune fließt praktisch permanent leise aus ihnen heraus in die Atmosphäre und geht damit über auf den Rest der Mitarbeiter. Das vorherrschende Gefühl ist dabei die Verbitterung.

Heruntergezogene Mundwinkel oder halbherziges Dauergrinsen.

Wenn ich mich recht entsinne, ist mir für einen kurzen Moment schon damals am Kopierer etwas spanisch vorgekommen. Ich habe es nur schnell wieder verdrängt. Ich: »Darf ich mal kurz dazwischen? Nur zwei Kopien …« *Frau Tarnkappe*: »Sie scheinen es ja mächtig eilig zu haben. Bitte!« Ich: »Danke … Oh, wenn ich gerade hier bin, kann ich vielleicht auch die Broschüre noch kurz kopieren? Geht ganz schnell.« Sie: »Wenn's sein muss.« Was für ein Satz: »Wenn's sein muss.« Wenn man sensibel genug gewesen wäre, hätte man ihre Missbilligung wahrscheinlich herausgehört aus diesem Satz und die Broschüre später kopiert. Nur, das Problem ist: Was, wenn nicht? Was, wenn man als Tarnkappenbomber nicht gewillt ist, dieses »Wenn's sein muss« zu übersetzen in das, was es eigentlich bedeuten soll. Nämlich, dass *Frau Tarnkappe* bei zwei Kopien gern mal eine Ausnahme macht. Wenn man aber diese Großzügigkeit ausnutzt, um dann auch noch die Broschüre zu kopieren, dann geht das eindeutig zu weit. Verdammte Hacke noch mal! Was, wenn man sich denkt, soll sie doch einfach sagen, was sie will. Wenn sie dies nicht tut – selber schuld! Dann sind die *Tarnkappenmenschen* ganz schnell die Gekniffenen und werden – ich muss auch hier wieder deutlich werden – zu fauligen Wassern, die das frische vergiften.

Ihr Schweigen rechtfertigen die *Tarnkappenmenschen* wahrscheinlich mit dem Gefühl der Überlegenheit. Im Gegensatz zum Gegenüber sind sie stolz darauf, sensibel zu sein, Zwischentöne herauszuhören, kurz: ein Feingeist zu sein, im Gegensatz zu allen anderen stumpfseeligen Grobmentalikern.

Wahrscheinlich hat sie beim Italiener, als sie merkte, dass sie vollkommen übergangen wurde, gedacht: »Ach, ich dränge mich da nicht auf. Ich muss da nicht erwähnt werden, Hauptsache, das Geschäftsjahr war gut. Das ist wichtig. Ich bleibe da lieber im Hintergrund. Irgendwann wird das schon jemand erkennen, wie wichtig ich für das Unternehmen bin.« Seit ich diesen Charakterzug bei Frau Clausen erkannt habe, mache ich mir manchmal den Spaß, ihr die wenige Anerkennung, die sie sich dann doch noch wünscht, auch noch zu verweigern und mich dumm zu stellen, wenn sie mich direkt darauf anspricht.

Ja, ich weiß, das ist gemein.

Und falls Sie ein jugendlicher Berufseinsteiger sind, bitte nicht nachmachen! Aber diese Haltung, die Wirkung seiner Existenz so herunterzudimmen, dass man das Gefühl hat, die bewusste Außenwirkung endet an der blassen Außenhaut, die macht mich einfach mega-aggressiv!

Lieber Leser, sollten Sie sich gerade dabei ertappen, zu denken »Huch, der hier beschriebene Typ, das bin ja ich«, dann folgt hier mein ernstgemeinter und hoffentlich aufbauender Rat.

Manche Menschen sind eben in der zweiten Reihe gut. Für Sie ist die zweite Reihe die erste Reihe, sozusagen. Im Scheinwerferlicht ist es viel zu heiß für Sie. Sie gehören zur Gattung der Nachtschattengewächse. Das ist keine Wertung! Manche Menschen sind geboren, um zu führen, Sie sind geboren, um geführt zu werden. Sie sind die oben beschriebene Leerstelle zwischen zwei Wörtern. Aber was wäre dieses Buch ohne Leerstellen? Eineunstrukturierteansammlungvonbuchstaben.

Oder einmal anders gefragt: Was ist die wichtigste Stelle bei einem Witz?

Richtig: die Pause vor der Pointe. Sie sind eben nicht die Pointe. Sie sind die Pause. Vielen lieben Dank dafür!

Sollten Sie selbst nicht zur Gruppe der Tarnkappen gehören, sich aber eine solche in Ihrer Umgebung befinden, hier ein anderer Rat: Sammeln Sie Geld in Ihrer Abteilung oder plündern Sie einfach die Kaffeekasse, engagieren Sie einen Studenten, stecken Sie ihn in ein rosafarbenes Bärchenkostüm, geben Sie ihm einen großen, roten Pfeil, auf dem steht: »Huch – da ist sie ja, die Frau Gründler!« – oder wie auch immer Ihre Tarnkappe heißt. Dieser rosafarbene Studentenbär erhält den Auftrag, Ihre Tarnkappe einen Tag lang in der Firma, vor allem aber, wenn sie in der Mittagspause das Gebäude verlässt, auf Schritt und Tritt zu begleiten. Wenn sie am nächsten Tag wieder zur Arbeit erscheint, wird sie von nun an sicher niemand mehr übersehen. Ein neuer Mensch ist geboren! Falls sie nicht mehr zur Arbeit erscheint, hat sich das Problem ja auch gelöst.

Das von mir kreierte Verfahren nennt sich »Scheinwerfer-Technik«. Lenken Sie die Aufmerksamkeit auf die Menschen, die es brauchen.

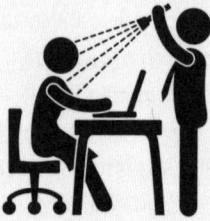

Höllenregel 4: Denken Sie an Goethes letzte Worte: »Mehr Licht.«

Die Befindlichkeiterin

Anfangs war unser Verhältnis, denke ich, noch ganz entspannt. Ja, ich würde sogar sagen, fast herzlich. Frau Sarah Hinkel war etwa ein halbes Jahr bei uns im Unternehmen, und sie war sogar die treibende Kraft, etwas Schönes für meinen Geburtstag zu organisieren. Sie bat meine Assistentin Monika, für mich etwas zu backen, und sie selbst wollte sich auch eine nette Überraschung für mich ausdenken. Was ich damals noch nicht wusste: Frau Hinkel geht in ihrer Freizeit zu einem Kurs in die Volkshochschule, der nennt sich: »Schreibwerkstatt: Die Poesie des Alltags«. In diesem Kurs lesen sich die Teilnehmer gegenseitig ihre selbstgeschriebenen Gedichte vor. Es geht dabei um Gedichte mit Titeln wie »Meine Küche macht mir Freude« oder »Mein Hund, der bellt so schön«. Sie hat es mir einmal erklärt. Es geht dabei um »Kitchentalk« und »Private Storytelling«. Ziel sei es, dem normalen Alltag durch eine Poetisierung mehr Freude abzugewinnen. Wahrscheinlich habe ich in diesem Gespräch zu wenig deutlich gemacht, was ich davon halte – nämlich rein gar nichts. Sie nimmt also an, man könne mir damit einmal eine Freude bereiten. Und zwar an meinem Geburtstag. Ich komme ins Büro, denke schon, es wird wie immer Kaffee, Kuchen, Kerzen und das übliche »Na, schon wieder ein Jahr älter, du alte Wursthaut« geben. Aber dem ist nicht so: Denn Frau *Befindlichkeit*-Hinkel will mit einem Gedicht auch unseren Büroalltag poetisieren:

Lieber Herr Schmitt, nun mach einfach mit,
sei einfach du selbst, ich hoff es gefällt.
Sei im Büro auch ein Poet, der da steht
und an seinem Wiegenfeste nicht nur die Reste

bekommt vom Büfett von der guten Fee,
sondern zurück ein Stück vom Glück.

So ein tiefes Loch können Sie gar nicht graben, in dem Sie verschwinden wollen bei so einem Quatsch, oder? Sie rappt dabei, als wäre sie ein amerikanisches Ghetto-Kid. Zu allem Überfluss hat sie sich auch noch ein Baseball-Cap mit dem Schirm nach hinten auf den Kopf gesetzt. Grauenhaft. Die anderen, die herumstehen, spüren wahrscheinlich, in was für einer, vorsichtig ausgedrückt, prekären Situation ich mich befinde, und jubeln, als hätte gerade *das* Kulturereignis des einundzwanzigsten Jahrhunderts stattgefunden. Was aber leider nicht verhindern kann, dass Frau Hinkel erwartet, dass auch ich mich zu ihrem Gedicht äußere.

»Ja, Mensch, Frau Hinkel, Wahnsinn, sie sind ja … ein echter Rapper …, toll …«

Ich habe das Gefühl, sie sei mit dieser Antwort noch lange nicht zufrieden und ihr Gedicht damit noch nicht einmal ansatzweise genügend gewürdigt.

»Wirklich Frau Hinkel, ach, was sag ich: *MC Hinkel,* du warst einfach … krass, cool. Thanks man, yeah, high five.« Ich halte ihr meine Hände hin, und sie schlägt ein, und ich kann im Einschlagen in Richtung meines Büros verschwinden. Denke ich …

Während alle anderen sich danach schon längst wieder an die Arbeit gemacht haben, klebt Frau Hinkel regelrecht an meiner Seite, um zu hören, was für eine Freude sie mir doch mit ihrem Gedicht bereitet hat. Ich befürchte, dass es mir einfach nicht gelingt, ganz zu verbergen, wie abscheulich ich es finde, egal, was ich sage. Auf jeden Fall ist unser Verhältnis von da an etwas abgekühlt, und ihr wahres Wesen kommt zum Vorschein.

Weil ich merke, dass sie seit diesem Tag etwas zurückhaltend mir gegenüber geworden ist, versuche ich, unsere Beziehung ein wenig aufzuhellen. Sie läuft an einem Dienstagmorgen vor mir her, ich bin gut gelaunt und sage so etwas wie: »Hallo, Frau Hinkel, schönes Kleid haben Sie an. Macht eine schöne Figur.« Fehler! Alarmstufe

Rot!! Denn sie bleibt stehen, dreht sich um und fragt gänzlich humorbefreit: »*Macht* eine schöne Figur?« O Gott! Ich: »Äh, ich meine, also, es fällt schön …, also um die Hüften. Auf der anderen Seite hätten Sie es natürlich gar nicht nötig, ich meine, Sie können tragen, was Sie wollen …, das sieht an Ihnen immer toll aus, ich meine, bei *der* Figur.« Wortlos dreht sie sich um und geht.

Etwa eine Woche später. Freitagnachmittag, 16 Uhr. Frau Hinkel wartet noch auf eine Terminbestätigung von mir, und kurz bevor ich den Rechner herunterfahre, schreibe ich ihr folgende E-Mail:

»Montag Meeting 14 Uhr. Schmitt.« Als ich gerade dabei bin, meinen Mantel anzuziehen, klingelt das Telefon.

»Herr Schmitt, ich denke, wir müssen einmal miteinander reden.«

»Worum geht's denn?«

»Um Ihre Mail.«

»Hat das nicht Zeit bis Montag?«

»Nein, hat es nicht. Ich komme mal eben kurz in Ihr Büro.«

Den Mantel hatte ich einfach angelassen, in der Annahme, sie komme eben mal KURZ in mein Büro. Sie ahnen es schon: Von »kurz« konnte nicht die Rede sein.

»Lieber Herr Schmitt, ich weiß, Sie sind ein vielbeschäftigter Mann, und ich weiß außerdem, es ist kurz vor Feierabend. Darüber hinaus schätze ich auch Ihre Zielstrebigkeit und Entschlossenheit, Dinge auf den Punkt zu bringen …«

»Aber?«

»Aber … ich empfinde es als ausgesprochen herrisch, hochmütig und blasiert, mir auf diese Art und Weise Termine mitzuteilen.«

»Was für eine Art und Weise meinen Sie denn?«

»›Montag Meeting 14 Uhr. Schmitt‹ – keine Anrede, kein ›wären Sie einverstanden mit …‹, kein ›beste Grüße‹ oder ›schönes Wochenende‹. Ich bin nicht Ihr Befehlsempfänger. Ich bin Abteilungsleiterin wie Sie. Ich erwarte, dass wir unsere Termine gemeinsam abstimmen. Auch wenn Sie es für Sozialkitsch oder Soft-Skill-Kram halten, ich erwarte im Mailverkehr einfach mehr Respekt.«

Zu diesem Zeitpunkt unserer Beziehung bin ich noch in der Lage, den Kotau* zu machen und mich zu entschuldigen.

Im Nachhinein betrachte ich dies als Fehler, denn einige Tage später – ich habe dieses Ereignis schon fast wieder vergessen – passiert Folgendes: Wir, Frau Hinkel und ich, sitzen zu zweit in meinem Büro, um ein Briefing mit einem Kunden vorzubereiten. Sie hat einen Din-A4-Block auf dem Schoß und hält unsere Ergebnisse schriftlich fest.

Ich sitze mit hinter dem Kopf verschränkten Armen an meinem Schreibtisch. Erst läuft das ganz Gespräch völlig reibungslos, doch nach etwa zwanzig Minuten legt sie demonstrativ Stift und Block vor sich ab. Sie streicht noch einmal ihr Kleid glatt und sagt:

»Stopp, einen Moment bitte, ich kann so nicht weiterarbeiten.«

»Warum denn nicht?«

»Ich bin abgelenkt.«

»Wovon denn?«

»Von Ihrer Haltung.«

»Was denn für eine Haltung?«

»Ihrer *Körperhaltung*.«

Ich, so wenig wertend wie möglich: »Was ist denn mit meiner Körperhaltung?«

»Sie wirkt herablassend und machohaft.«

»Machohaft?«

»Ja, so mit verschränkten Armen hinter dem Kopf.«

»Ich überlege, darum sitze ich möglichst bequem.«

»Mag sein, aber in dieser Haltung drückt sich noch mehr aus als der Wunsch zu überlegen.«

»Und welcher?«

»Der Wunsch, sich mir gegenüber *überlegen zu fühlen*.«

»Der Wunsch, mich Ihnen gegenüber *überlegen zu fühlen*?«, wie-

---

* Wie der gebildete Leser weiß, ist dies eine japanische Unterwerfungsgeste.

derhole ich, denn ich hatte tatsächlich nicht verstanden, was sie mir sagen wollte.

»Richtig.«

Ich merke, wie ich in der Formulierung dessen, was ich glaube verstanden zu haben, meine ironische Haltung nicht ganz unterdrücken kann: »In meinem Nachdenken darüber, wie wir das Problem lösen, in meinen Überlegungen, wie wir am besten vorgehen, lesen Sie in meiner Körperhaltung den Wunsch meinerseits, mich Ihnen gegenüber überlegen fühlen zu wollen?«

»Richtig. Ein typisch männliches Revierverhalten.«

Ich habe plötzlich das Gefühl, Thor, der Donnergott, hätte mir mit seinem riesigen Hammer vor die Stirn gehauen.

Sie weiter: »Fehlt nur noch, dass Sie Ihre Füße auf den Tisch legen und Zigarre rauchen.«

»Ich denke nach!«

Ich merke, wie ich dabei lauter werde, habe aber keine Lust, dies zu korrigieren. Fehler.

»Sehen Sie? Schon wieder.«

»Schon wieder was?«

»Imponiergehabe. Einschüchterungsversuche. Sie sprechen lauter, als es nötig wäre. Sie versuchen, mich dadurch einzuschüchtern. Und Ihre Körperhaltung haben Sie trotz meines Hinweises immer noch nicht geändert. Sie wollen mir damit demonstrieren: Das ist Ihr Büro, und ich bin nur Ihr Gast.«

»Es *ist* mein Büro.«

»Falsch! Das Büro gehört der Firma. Wir sind beide nur Gäste in diesen Räumlichkeiten. Es wäre sehr interessant, an dieser Stelle einmal über den Zusammenhang zwischen Besitzverhältnissen und Machtverhältnissen nachzudenken.«

Ich nehme all meinen guten Willen zusammen und frage, aber ohne meine Körperhaltung zu ändern, was denn an dieser entspannten Haltung, die meiner Meinung nach allenthalben Wohlbefinden signalisiert, männliches Dominanzverhalten ausdrücke.

»Ihre zur Schau getragene Entblößung des Körperzentrums«, erwidert sie.

»Meine zur Schau getragene Entblößung des Körperzentrums?«, wiederhole ich. Um Verständnis ringend schaue ich an mir herunter. Kennen Sie den Zustand, wenn einem das Gesicht einfriert und der Mund halb offen steht, weil das Gehirn gerade in einen schockgefriergetrockneten Zustand verfallen ist? »Meine zur Schau getragene Entblößung des Körperzentrums? Was soll das sein?«

»Diese Körperhaltung drückt aus: Schau her, Kleines, du und das, was du sagst, sind so ungefährlich, dass ich mich nicht im Geringsten davor schützen muss. Ja, genau: ungefährlich und damit aber auch unbedeutend. Das ist es: Mit dieser Körperhaltung wollen sie mir signalisieren, ich sei unbedeutend.«

Wie gerne hätte ich gesagt: »Wenn Sie weiter so einen Quatsch reden, arbeiten Sie hartnäckig daran, bei mir bald tatsächlich unbedeutend zu sein!« Stattdessen nehme ich meine Arme herunter, beuge mich nach vorn und spreche mit größtmöglicher Gelassenheit: »Liebe Frau Hinkel, es tut mir sehr leid, wenn in unserem Gespräch für Sie der Eindruck entstand, ich würde Sie nicht genügend wertschätzen …« Während ich mich so reden höre, habe ich das Gefühl, ich sei Kofi Annan, Mahatma Gandhi und Mutter Teresa in einer Person. »… wenn dieser Eindruck entstand, seien Sie versichert, dem ist nicht so. Ich arbeite sehr gerne mit Ihnen zusammen, und Sie sind alles andere als unbedeutend. Ganz im Gegenteil. Ich halte Sie für eine kluge, sensible und gewissenhafte Kollegin. Möglicherweise habe ich dies in der Vergangenheit nicht ausreichend kommuniziert. Aber können wir jetzt vielleicht wieder zu dem eigentlichen Grund unseres Zusammentreffens zurückkehren und weiter unser morgiges Briefing vorbereiten?« Ich ertappe mich dabei, dass ich auf die Uhr sehe, die auf meinem Schreibtisch steht, denn ich habe das Gefühl, diese Sitzung dauert schon dreieinhalb Jahre. Ich bin nach dieser Ansage fest davon überzeugt, das Thema damit ausreichend behandelt zu haben, und gehe davon aus, wir beide könnten wieder zum normalen Tagesgeschäft zurückkehren. Weit gefehlt.

»Lieber Herr Schmitt, wir sind laut Organigramm hierarchisch gesehen vollkommen gleichgestellt. Ich glaube, es steht Ihnen nicht zu, darüber zu befinden, ob ich klug, sensibel oder gewissenhaft bin. Unterlassen Sie dies bitte und konzentrieren Sie sich einfach darauf, mir gegenüber weniger Chefgehabe an den Tag zu legen! Danke.«

Ich habe plötzlich das Gefühl, vor meinem geistigen Auge läuft so wie bei NTV am unteren Bildrand ein Schriftzug entlang mit der Aufschrift:

»IHR GEGENÜBER HAT IHNEN GERADE DEN KRIEG ER-KLÄRT.«

»IHR GEGENÜBER HAT IHNEN GERADE DEN KRIEG ER-KLÄRT.«

»SEHEN SIE IM ANSCHLUSS – DIE GRÖSSTEN SCHLACHTSCHIFFE DES ZWEITEN WELTKRIEGS.«

»DAX HAT JAHRESTIEFSTAND ERREICHT.«

»IHR GEGENÜBER HAT IHNEN GERADE DEN KRIEG ER-KLÄRT.«

»IHR GEGENÜBER HAT IHNEN GERADE DEN KRIEG ER-KLÄRT.«

Zum Glück bin ich in der Firma neutral wie die Schweiz, Kriegs-erklärungen gleiten an mir ab wie Wassertropfen an heißem Teflon. Und so antworte ich erst mal gar nichts, merke aber, wie sich in meinem Gesicht ein feines, süffisantes Lächeln langsam ausbreitet. Das Problem ist, dass *Befindlichkeiterinnen* in der Lage sind, solche mimischen Details zu deuten, leider in diesem Fall sogar richtig.

»Lieber Herr Schmitt, jetzt habe ich aber langsam die Faxen di-cke«, sagt die Hinkel entrüstet. »Ihre süffisante und herablassende Art allem gegenüber, was einen Rock trägt, ist einfach unerträglich und fernab jeder Political Correctness! Ich werde die Frauenbeauf-tragte unserer Firma informieren und auffordern, mit Ihnen mal ein ernstes Wort zu reden.«

Ich denke nur: »Super! Biggi!« Unsere Frauenbeauftragte kenne ich gut. Die ist ein wirklich heißer Feger. Biggi weiß einen Mann wie mich kraft ihrer humorvollen Weltsicht durchaus zu schätzen. Auf unserer letzten Weihnachtsfeier hatten wir viel Spaß miteinander. Viel zu lange habe ich mich nicht bei ihr gemeldet. Wie es immer so ist – man sagt: »Ich ruf dich an!«, macht es dann aber doch nicht. Ausgezeichnet, dass das Schicksal in Gestalt der *Befindlichkeiterin* dieses Versäumnis nun behebt. Aber genug von Biggi, schließlich ist sie nicht nur keine Nein-Kollegin, sondern im Gegenteil sogar meine Lieblings-Ja-Kollegin, das verrückte Huhn. Ich knicke also äußerlich ein, gebe mich reumütig und sage gespielt kleinlaut und mit gesenktem Blick, welcher mir zugleich hilft, mein vorfreudiges Lächeln zu verbergen: »Sie haben recht, Frau Hinkel, ich bin da wirklich noch ein Mann vom alten Schlag, da kann ich manchmal einfach nicht aus meiner Haut. Es ist sicher das Beste für alle Beteiligten, dass sich Biggi … äh … unsere Frauenbeauftragte mal in aller Strenge mit mir und meinem … äh … Fall befasst.« Wahnsinn! Dieser Satz scheint sie wirklich zu besänftigen, und so lege ich nach: »Wissen Sie, ich komme aus sehr einfachen Verhältnissen. Ich kann dadurch nichts entschuldigen, aber wir waren fünf Geschwister, meine Mutter war Hausfrau. So etwas prägt wahrscheinlich. Sie war immer eine stolze Frau, aber ich bin mir sicher, dass sie oft wegen mir geweint hat. Meine Vorbilder waren meine vier großen Brüder. Mein Vater hat immer hart gearbeitet und diese Härte mit nach Hause gebracht. Davon ist wohl vieles auf mich übergegangen.« Ich muss aufhören, ich beginne langsam selbst zu glauben, was ich erzähle. Unter uns: Ich habe keine Geschwister, und meine Mutter hat höchstens beim Zwiebelschneiden geweint. Ich sage: »Frau Hinkel, ich bin mir sicher, diese Härte wird mir unsere Frauenbeauftragte schon mit der nötigen Zielstrebigkeit austreiben!«

Ich spüre, wie die *Befindlichkeiterin* bei unserem Abschied innerlich triumphiert, und das gönne ich ihr gern. Denn meine Vorfreude auf das Wiedersehen mit Biggi ist auf jeden Fall um ein Vielfaches größer als ihr Triumph!

Diesmal habe ich aus reiner Notwehr eine Ausnahme gemacht und den Ratschlag, den ich Ihnen gebe, schon selbst umgesetzt: Die Befindlichkeiterin ist eine Art ewige »rebellische Tochter«. Nehmen Sie ihr gegenüber also auf keinen Fall Vater- oder Mutterstatus ein, sondern geben Sie sich klein und schutzbedürftig. Beklagen Sie sich über eine schlimme Kindheit, egal, ob Sie eine hatten oder nicht. Aus irgendeiner Perspektive war jede Kindheit irgendwie schlimm. Seien Sie ein Vögelchen, das noch nicht fliegen kann, appellieren Sie an das soziale Gewissen der Befindlichkeiterinnen, demonstrieren Sie Schutzbedürftigkeit und eine verwundete Seele. Damit werden Sie deren Sprache sprechen und somit von ihnen verstanden. Und vor allen Dingen werden Sie, was noch viel wichtiger ist, von den Befindlichkeiterinnen in Ruhe gelassen!

Hier rate ich zu meinem »Weg des Lammes«.

Höllenregel 5: Verlassen Sie den Täterstatus und zelebrieren Sie sich als Opfer!

Der ewige Entertainer

Ich möchte nun zu einem neuen Kollegentypus kommen. Er arbeitet in einer angrenzenden Abteilung von mir als Technischer Sachbearbeiter, ist hierarchisch gesehen also eher ein kleines Licht und hört auch noch auf den Namen – Achtung, kein Witz – Fritz. Am Anfang unseres Kennenlernens habe ich seine charakterliche Unreife immer auf seinen Namen geschoben. Ich dachte mir, wer Fritz heißt und aufgrund der Namensgleichheit der Protagonist aller »Fritzchen-Witze« ist, hat einfach eine bestimmte Last zu tragen. So ein Name, nahm ich an, ist wie eine Erbschaft, ein Auftrag. Man hat ihm einfach mit der Namensgebung eine Last aufgebürdet, die er nun sein Leben lang abarbeiten muss. Sie werden es nicht glauben, aber der folgende Nein-Kollege nennt sich tatsächlich Fritz Ritz. Natürlich heißt kein Mensch wirklich so. Seine Eltern haben ihn auf den schönen Vornamen Georg-Friedrich getauft, aber selbstverständlich macht diese Sorte Mensch selbst aus dem eigenen Namen noch den größtmöglichen Witz. Jede Wette: Hieße unser Georg-Friedrich mit Nachnamen Forsch, würde er sich nicht Fritz nennen, sondern Schorsch. Schorsch Forsch.

Nun heißt er aber mit Nachnamen Ritz, und so sagt er immer beim Händeschütteln in klassischer James-Bond-Manier: »Hallo, mein Name ist Ritz. Fritz Ritz. – Nicht schütteln, nur rühren.«

Und: »Ritz wie der Witz, nur mir R.« Und dabei dehnt er das R immer so lang, dass es klingt wie ein Wolfsknurren. Ich bin mir sicher, er denkt, das sei witzig und stärke und betone darüber hinaus seine maskuline Außenwirkung. Er scheint übrigens sehr oft über seine Außenwirkung nachzudenken. Denn es vergehen in einem Meeting, bei dem er anwesend ist, nur wenige Minuten, bis er sich wieder – sachlich ausgedrückt – »einbringt«. Manchmal mache ich mir heimlich die Freude, zähle still die Sekunden und sage voraus, wann Fritz wieder einen zum Besten geben wird.

»Liebe Kollegen«, fängt Bereichsleiter Plech an, »ich freue mich, dass Sie alle so kurzfristig an diesem Termin teilnehmen konnten, ich habe nämlich eine wichtige Mitteilung zu machen, die ich Ihnen ungern per Mail mitteilen wollte.« Ich sehe rüber zu Fritz, und tatsächlich, in klassischer Fußballhymnen-Manier zu der Melodie von »Olé, Olé« oder gerne auch die Baum-Edition »Alleeeee, Alleeeeee …« kommt von ihm:

»No Maaaaail!

No Maaaaail!

No Mail, no Mail, no Mail!

Lieber sprechen,

Nicht mehr schreiben,

lieber meeten,

yes, no Mail!«

Was dann meistens tragischerweise tatsächlich für allgemeine Erheiterung sorgt, sodass er leise und leicht abgewandelt gleich nochmal singt:

»No Maaaail!

No Maaaail!

No Mail, no Mail, no Mail!

Lieber treffen,

viel mehr quatschen,

kein Ergebnis,

yes, no Mail!«

»Vielen Dank, Herr Ritz, für diesen Beitrag! Können wir dann jetzt wieder?«

Ich blicke rüber zu Ritz und sehe, wie er ernsthaft erwägt, sein Liedchen noch ein drittes Mal anzustimmen, sich dann aber dagegen entscheidet und stattdessen gespielt kleinlaut äußert:

»Ja, Chef, ist doch klar, kein Problem, bin schon ruhig, kommt nicht wieder vor, bin mucksmäuschenstill, kein Ton mehr, zu Befehl, versprochen, Ihr Diener, kann losgehen. Sie sagen: ›Spring!‹ – Ich springe. Allzeit bereit – immer bereit.«

Dann hält er inne, jeder denkt, jetzt kann es tatsächlich losgehen. Aber weit gefehlt, Ritz hat nur Schwung geholt, denn er haut schon den Nächsten raus: »Ja, ich weiß, da wo ich bin, herrscht das Chaos …« Pause. »… aber ich kann ja nicht überall sein.« Hahaha …

Und tatsächlich, alle lachen oder schmunzeln zumindest, und Ritz hat wieder bekommen, was er braucht: Aufmerksamkeit.

Ich will nicht sagen, dass er süchtig danach ist, das wäre mir zu einfach, aber irgendetwas in ihm – und das kann nicht nur an seinem Namen liegen – braucht den Witz wie der Teufel frische Seelen. Es scheint so, als sei Fritz allergisch gegen alles Ruhige, Gelassene oder Ausgeglichene. Irgendeiner sagt etwas, was wirklich von Belang ist, was eine bestimmte Wichtigkeit und Bedeutung genießt, und schon ist Fritz zur Stelle, um es in die Niederungen des Menschlichen, allzu Menschlichen hinabzureißen.

Manchmal denke ich, Herr Ritz ist einfach ein simples Gemüt, das die Ernsthaftigkeit einer Situation schlicht nicht erkennt. Dem scheint aber nicht so zu sein, denn zwischendurch knallt er Sätze raus, die mir echt zu denken geben. Neulich schrieb er mal wieder eine Rund-Mail. In diese Mail hatte er so ein »witziges« YouTube-Filmchen eingefügt. In dem Video will irgend so ein Hirni in einen zugefrorenen Swimmingpool eine Arschbombe machen. Autsch! Darunter schreibt unser Herr Ritz dann folgenden Satz: »Das Leben ist zu wichtig, um ernst genommen zu werden. Oscar Wilde.« Also, wie soll man so jemanden einschätzen?

Auf der einen Seite hält er mit seinen »witzigen« Videos und »saukomischen« Zwischenbemerkungen andauernd den Betrieb auf, auf der anderen Seite nimmt er aber auch immer wieder die Luft raus, wenn alle mal wieder zu angespannt und verbissen sind.

Er ist quasi das Ventil, wenn zu viel Druck im Kochtopf der spätkapitalistischen Leistungsgesellschaft herrscht.

Sein Lebensmotto scheint zu lauten: »Es wird nichts so heiß gegessen, wie es gekocht wird.« Sie merken, ich bin mit diesem Kollegentypus etwas uneins. Ich glaube, ich kann diese »Prosecco-First-Typen« einfach schwer einschätzen. Was mich an diesem Typus so nervt, ist diese »Ach-was-soll's-es-kommt-wie-es-kommt«-Haltung, dieser komische Fatalismus, der mich fertig macht. Ich sage zu ihm: »Wir müssen unbedingt noch mal beim Kunden XY nachhaken wegen des Angebots.« Da sagt er: »Hey, jetzt bleiben Sie doch mal locker, Herr Schmitt, das wird schon. Es kommt sowieso, wie es kommt. Sonst kriegen Sie noch graue Haare. Sie wissen doch: Lieber von Picasso gemalt, als vom Schicksal gezeichnet.« Was willst du darauf sagen? Auf diese Sponti-Sprüche wusste ich schon in den Achtzigerjahren keine Antwort, als sie »in« waren. Aber vielleicht muss man auf so etwas auch gar nicht antworten. Viel interessanter ist zunächst einmal die Frage: Wie wird dieser Typus so? Dieser Typus, der, um es mal ganz Wald-und-Wiesen-psychologisch auszudrücken, noch keinen Kontakt zu seinem »Erwachsenen-Ich« aufgenommen hat. Der immer das rebellische, spielende Kind bleibt.

Oder anders ausgedrückt: der Hofnarr der Abteilung, der uns Restmenschen immer wieder den Spiegel vorhält. In dessen Augen wir die Verkniffenen sind. Das Problem an der Sache ist, dass die Witze bei unterschiedlichen Gelegenheiten von diesen Hofnarren immer wieder gleich verwendet werden. Wie bei Sprachaufzeichnungen, die auf einer mehr oder weniger großen Festplatte gespeichert sind und je nach Situation modular abgerufen werden.

Bei jeder Begrüßung kommt dann garantiert wieder: »Ritz, wie der Witz, nur mit Rrrrrrr.« Vor jeder Kaffeepause kommt: »Jetzt erst mal ein Käffchen.« Vor der Mittagspause: »Jetzt erst mal was zwischen die Kiemen schieben!« Zwischendurch immer wieder: »Manche Arbeiten muss man einfach zigmal verschieben, bis man sie vergisst!« Und kurz vor dem Nachhausegehen singt er regelmäßig automatengleich »Feierabend, das Wort macht jeden munter, Feierabend« von Peter Alexander. Nicht, dass wir uns falsch verstehen, schlimm sind nicht die Witze – ja, okay, manchmal auch die –, schlimm ist aber vor allem die permanente Wiederholung derselben. Normalerweise läuft es doch so: Ein Witz taucht ein erstes Mal auf. In einem kleinen, begrenzten Zeitfenster ist er überschaubar erfolgreich. Dann vergessen die meisten ihn wieder. Zum Glück. Doch der *ewige Entertainer* bewahrt ihn für die Ewigkeit auf!

Vielleicht macht er sich auch einfach nicht die Mühe, zwischen plumper Wiederholung und gekonnt platziertem Running Gag zu unterscheiden. Erinnern Sie sich noch an die Seeräuber bei Asterix und Obelix? Das ist ein gekonnter Running Gag, oder?

Fritz Ritz hat dazu eine andere Meinung.

Es kommt mir manchmal so vor, als wäre das Büro ein Biotop für alte, abgelaufene Redewendungen. Und das liegt daran, dass solche Typen wie Fritz Ritz sie regelmäßig reanimieren. Jeder normale, gesunde Mensch hat eine ganz natürliche »Vergessung«, eine »Alte-Witze-Hirn-Schranke«. Fritz Ritz, der *ewige Entertainer*, nicht.

Denken Sie doch nur daran, wie lange sich solche Sachen gehalten haben wie »Tschüssikowski«, »Tschö mit Ö«, »Ciao Kakao« oder »Bis Dannzig«. Und in Büros scheinen sie noch eine extra lange Haltbarkeit zu genießen und wie ein Charakter in einem Ego-Shooter-Computerspiel über eine unbegrenzte Anzahl von Leben zu verfügen. Weil *der ewige Entertainer* sie konserviert. Er ist der Parkwächter im Biotop der alten Witze.

Jetzt könnten Sie natürlich sagen: »Ach, lass die *ewigen Entertainer* und Sprücheklopfer doch! Ist doch nett. Ohne die wäre es oft öd und langweilig.« Ja gern, meinetwegen, einverstanden, sollen sie doch so bleiben, ABER tragisch wird es am Ende doch. Nämlich dann, wenn solche Typen aufgrund dieser Haltung in Beförderungsfragen gern mal außen vor bleiben. Wenn man ihnen einfach nicht zutraut, unpopuläre Führungsaufgaben zu übernehmen. Mit Härte und Durchsetzungswille eine Sache gegen Widerstände durchzuboxen. Mal ganz ehrlich, so einen Kasper, so einen Gaudiwurm sieht man doch auch nicht als Repräsentanten einer Abteilung oder gar einer Firma, oder? Tragisch aber, wenn sich diese Typen selbst als solche sehen.

Ritz' direkter Vorgesetzter hat mir neulich genau davon erzählt. Herr Ritz bat ihn um einen Termin – »wegen einer Leiter«. »Was denn für eine Leiter?«, fragt mein Kollege. »Die für die Karriere.« Mein Kollege musste zugeben, dass Herr Ritz nach diesem Einstieg es bei ihm ein wenig schwer hatte. Aber es ging bei dem darauf folgenden Termin genau so weiter, wie mein Kollege versichert.

»Halli, hallo, hallöchen.«

»Kommen Sie rein, nehmen Sie Platz!«

»Na gern, dann platz ich mal.«

»Was kann ich für Sie tun?«

»Ich hätte da mal eine ›Fräge‹.«

»Und welche?«

»Ich hätte gerne einen ›Pool‹.«

»Wie bitte?«

»Und ich denke, dafür brauche ich eine entsprechende ›Position‹.«

»Ich kann Ihnen nicht ganz folgen.«

»›Pool Position‹, wenn Sie verstehen, was ich meine.«

»Nein, verstehe ich nicht. Ich kenne nur die ›*Pole* Position‹.«

»Sie haben recht, aber jetzt mal einen Gang hochgeschaltet.«

»Ja?«

»Butter bei die Fische.«

»Meinetwegen. Und?«

»Ich bin ja jetzt schon ein geraumes ›Zeitfensterchen‹ in der Firma.«

»Ja, das kann man sagen.«

»Und ich denke, was ich anfasse, ist am Ende oft ganz ›knorke‹.«

»Knorke?«

»Gut, ordentlich, eigentlich immer doch ganz … dufte.«

»Ich bin in der Regel sehr zufrieden mit Ihnen.«

»Gut, dass ich keine Frau bin.«

»Wieso?«

»*In der Regel* sehr zufrieden – hahaha!«

»Herr Ritz, wollen Sie mir einmal sagen, worauf Sie hinauswollen?«

»Auf Ihren Stuhl.«

»Bitte?«

»War nur Spaß. Ich wollte einfach mal fragen, wie es mit einer Beförderung aussieht.«

»Abgelehnt.«

Wenn Sie glauben, das hier Beschriebene sei etwas übertrieben – nein, ist es nicht. Ich glaube einfach, dass es in bestimmten Kreisen, in den einzelnen Schichten, beziehungsweise ab einer bestimmten Hierarchieebene eine Art sprachlichen Code gibt. Das heißt, dass dort eine Sprache gesprochen wird, die man zwar Deutsch nennt, die aber nicht von jedem, der Deutsch spricht, gesprochen wird. Und unser Typus spricht diese Sprache eben nicht. Tragisch wird es dann, wenn er zwar befördert werden will, sich aber auch nicht ›verbiegen‹ lassen oder zumindest sein Auftreten nicht ändern möchte.

Dieser Menschentypus sagt dann gerne über sich selbst: »Ich bin einfach authentisch.« Was nichts anderes heißt als: Ich bin veränderungsresistent.

Gut, zugegeben, jetzt wissen Sie als Leser eines solchen Buches wie dem meinen natürlich, dass diese *ewigen Entertainer* in der Regel eben gerade eines nicht sind, nämlich authentisch. Sie müssen anscheinend dauernd irgendetwas kompensieren, trauen sich eben gerade nicht, ganz sie selbst zu sein. Sondern nur dann, wenn sie Witze machen, Sprüche klopfen, glauben sie, einer Situation gewachsen zu sein oder diese im Griff zu haben. Das bedeutet, ähnlich wie bei dem Kollegentypus *Mr. Facebook,* wir als sein Gegenüber haben hier auch eine Aufgabe, Verantwortung oder Mission. Nämlich die, diesen Menschen in ihrer Firma das Gefühl zu geben, dass sie uns auch ohne unsere permanente Aufmerksamkeit wichtig sind. Das ist gar nicht so leicht: Zeigen Sie mal einem Menschen, ohne ihm Aufmerksamkeit zu schenken, dass er Ihnen wichtig ist! Na dann: Viel Glück und Prost Mahlzeit!

Es scheint mir nicht unmöglich, ich will es einmal ausprobieren. Herr Ritz und ich sollen gemeinsam zu einem Kundentermin fahren. Da ich ahne, was da auf mich zukommen wird, habe ich bereits im Vorfeld überlegt, wie ich seinen Rede- und Witzattacken begegnen könnte. Anfangs denke ich noch, ich nehme einfach meinen ›Schlepptopp‹ mit, wie Herr Ritz sagen würde. So könnte ich immer behaupten, ich müsse arbeiten. Dazu noch meine großen Kopfhörer, die ich mit dem Hinweis rechtfertigen will, ich könne mich bei Musik besser konzentrieren. Kurz vor Verlassen meiner Wohnung aber entscheide ich mich um. Ich nehme mir vor, das Problem nicht technisch zu lösen, sondern menschlich.

Wir treffen uns also wie abgemacht am Hauptbahnhof, und schon die Begrüßung ist wieder ein Feuerwerk der guten Laune: »Hey Schmitty, olle Keule, alles im Lot auf dem Riverboat?«

Obwohl ich wusste, was auf mich zukommen würde, bin ich hier noch nicht reaktionsschnell genug und nehme mir vor, mit meiner AGM (Anti-Gaudi-Maßnahme) einfach erst dann zu beginnen, wenn wir im Zug unsere Plätze gefunden haben. Man ahnt ja nicht, wie lang sich so ein Zeitraum anfühlen kann.

»Und, was macht das Privatleben? Da unten noch Leben in der Bude?«

»Wo unten?«

»Ey Schmitty, da oben wohl so früh noch nicht alles auf Betriebstemperatur, was? Der frühe Vogel kann uns mal … Nicht wahr?«

»Ach so, ›da oben – da unten‹, jetzt verstehe ich … Ja, doch, ›alles im grünen Bereich‹, würde ich sagen.«

»Eine aus der Firma? Mir können Sie es ruhig sagen. Ich erzähl's auch nur dem Chef.«

Dem Ritz werde ich wohl kaum etwas von meinem geplanten Treffen mit Biggi erzählen. Also lüge ich: »Nein, keine, die Sie kennen.«

»Ah, verstehe: NFTC!«

»Bitte?«

»*N*ever *F*uck *T*he *C*ompany.«

»Äh … ja. Ich denke, wir sollten jetzt einsteigen.«

»O ja, dann wollen wir mal unser Leben in vollen Zügen genießen.«

»Haha, der war gut: *in vollen Zügen!*«, bestärke ich Ritz höflich.

Vielleicht hilft als Übergangslösung, bis wir sitzen, dass ich seine Witze einfach positiv befeedbacke. (Aussprechen tue ich das Wort »befeedbacken« andauernd. Aber geschrieben sieht es doch einigermaßen blöd aus. Egal, weiter.) Sein primäres Bedürfnis wird befriedigt, und vorübergehend lässt er sich damit womöglich ruhigstellen.

Denke ich, aber: Weit gefehlt!

»Mensch Schmitty, dass ich mit Ihnen mal zu einem Kundentermin fahre, ist echt oberstes Regal!«

»Ich hoffe, ›oberstes Regal‹ steht hier stellvertretend für etwas Positives?«

»Ja, klar doch, oberstes Regal, ganz weit vorn, volle Lotte, fett …«

»Na, dann bin ich ja beruhigt. Wagen 6, Plätze 22 und 23.«

Ich laufe einfach zügig vor ihm her, sodass wenigstens in diesem kurzen Zeitfenster keine Konversation nötig scheint. Vom Erfolg meiner Maßnahme bin ich aber nicht zu hundert Prozent überzeugt, denn in solchen Situationen sagt Herr Ritz ja immer gern: »Hey, langsam, Schmitty, was rennen Sie denn so. Immer langsam mit den alten Gäulen. Wir sind doch bei der Arbeit und nicht auf der Flucht.«

Und so ähnlich kommt es auch: »Warum denn so gehetzt, Schmitty, wir haben doch ein Reservat.«

Ich stöhne leise und probiere eine neue Taktik. Ich reagiere einfach gar nicht mehr und beschließe, sobald wir sitzen, das Problem proaktiv und konstruktiv anzugehen. Wir nehmen also unsere Plätze ein. Glücklicherweise war Herr Ritz eine Zeitlang damit beschäftigt, einer älteren Dame den Koffer in die Ablage zu heben, und so war diese für einen kurzen Zeitraum das Ziel seiner Attacken.

»Muttchen, überlassen Sie das mit dem Koffer mal ’nem richtigen Kerl. Sie heben sich ja sonst eine Dezimalzahl.«

»Wie bitte?«

»Einen Bruch.«

»Sie sind ja ein lustiger Geselle – Bruch … Hahaha … So wie Sie sollten alle jungen Menschen sein. Vielen Dank. Sehr, sehr freundlich.«

»Ist doch klar, Muttchen, ich bin ein Mann der alten Schule, ich sehe zwar alt aus, komme aber gerade erst aus der Schule.«

»Ist heutzutage nicht selbstverständlich, junger Mann. Nicht selbstverständlich. Dezimalzahl … Bruch … Köstlich! Hahaha …«

O Gott! Sie bestärkt ihn auch noch. Falsche Taktik.

Voller Elan setzt sich Ritz zurück an seinen Platz. »Jeden Tag 'ne gute Tat. Alte Pfadfinderweisheit.«

Ich habe mich in der Zeit etwas gesammelt und fange an, Herrn Ritz auf das Thema einzustimmen.

»Herr Ritz, ich finde es toll, mit Ihnen mal unterwegs zu sein und Sie als Vertreter der Technikabteilung auch mal außerhalb der gewohnten Umgebung etwas näher kennenzulernen.«

Das habe ich mal in einem Buch zum Thema Feedbackregeln gelesen. Die sogenannte Sandwichtechnik: jede Kritik mit einem Lob einzuleiten und mit einem weiteren Lob abzubinden.

»Wollen Sie mir einen Heiratsantrag machen, Schmitty?«

»Nein, keine Sorge, aber ich möchte schon gerne mal etwas ansprechen.«

»Nur frei von der Leber weg. Dann ist da wieder mehr Platz.«

»Wo?«

»Bei der Leber.«

»Wofür?«

»Für Getränke, Sie wissen doch: ›Wo früher ihre Leber war, ist heute eine … Minibar.‹«

»Hahaha, der war gut … Also, ich meine, damit wären wir genau beim Thema.«

»Was für einem Thema? Wollen Sie ein Referat halten?«

»Nein. Was ich sagen will, ist: Sie sind in Ordnung.«

»Sie auch, Schmitty.«

»Nein.«

»Nein? Okay, dann sind Sie es nicht. – Auch gut.«

»Doch, aber das ist nicht das Thema. Sie sind in Ordnung, so, wie Sie sind.«

»Ich verstehe kein Wort. Nehmen Sie mal den Fuß von der Bremse und raus mit der Sprache. Im Klartext!«

»Was ich damit sagen will: Sie arbeiten gut, Sie sind immer fleißig und pünktlich, aber …«

»Aber …?«

Kurze Pause.

»Was?«, bohrt Ritz nach.

»Aber ich könnte manchmal darauf verzichten, von Ihnen bespaßt zu werden. Es ist ja toll, dass Sie immer darum bemüht sind, das Betriebsklima zu verbessern, aber eine konzentrierte, ruhige, zielführende Arbeitsatmosphäre ohne Witze, ohne Sprüche ist auch nichts Verwerfliches. Ganz im Gegenteil, jedes Ding hat seine Zeit. Die Mischung macht's. Sie essen ja auch nicht jeden Tag Schnitzel mit Kartoffelsalat. So, jetzt ist es raus.«

Längere Pause.

Ich habe das Gefühl, die Landschaft draußen würde in Zeitlupe am Fenster vorbeiziehen. Dann Ritz: »Respekt, Schmitty, nicht schlecht. Nicht schlecht! Fast hätten Sie mich gehabt, ich hätte es fast geglaubt! Hahaha! ›Eine ruhige, zielführende Arbeitsatmosphäre ist nichts Verwerfliches.‹ Hahaha, Sie haben wirklich fast geklungen wie eine echte, seriöse Führungskraft. Nicht schlecht. Hahaha!«

»Das war ernst gemeint, Herr Ritz.«

»Ja, klar, kenn ich: ›Aus Spaß wurde Ernst, und Ernst ist heute fünf Jahre alt.‹ Hahaha! ›Es ist ja toll, dass Sie immer darum bemüht sind, das Betriebsklima zu verbessern.‹ Mit so einer sonoren, tiefen Stimme wie Robert Redford. Ich bin mir sicher, Sie werden es mal weit bringen. Nicht schlecht, nicht schlecht. Haben Sie's schon mal beim Film probiert?«

Ich glaube, lieber Leser, Sie verstehen jetzt, was ich meine. Es gibt einfach Menschen, die dem Ernst des Lebens kritisch gegenüberstehen. Mit dem Ernst des Lebens auf Kriegsfuß, gewissermaßen. Und an dieser Stelle im Zug hätte ich wahrscheinlich auf den Tisch hauen und Herrn Ritz von seinem Elfenbeinturm der guten Laune herunterschießen sollen. Aber will man das? Im Zug? Ich wollte es nicht – und resignierte. So hatte ich mit Herrn Ritz noch so manche ›vergnügliche‹ Stunde – der Folter gleich!

Was sagt ein zum Tode verurteilter montags unterm Galgen? »Die Woche fängt ja gut an.« Ich weiß, es ist absurd, meinen Tipp für den richtigen Umgang mit dem ewigen Entertainer mit einem Witz einzuleiten. Aber in diesem Witz steckt die Wahrheit über diesen Kollegentypus – selbst dem Tod würde er noch eine Pointe abringen. Wir dürfen uns da nichts vormachen: In dem Wunsch, den ewigen Entertainer zu verändern, kann es nur temporäre Teilerfolge geben. Es bleibt Ihnen nichts anderes übrig, als immer wieder aufs Neue sein Henker zu sein. Genau darin liegt auch Ihre Chance. Sie brauchen kein schlechtes Gewissen zu haben, denn er wird immer wieder aufstehen.

Deswegen: Zero-Tolerance-Haltung.

Höllenregel 6: »Halt einfach mal die Fresse!«

Der Hochgeher

So, ich habe das Gefühl, ich müsste jetzt langsam mal offenlegen, in was für einer Art von Firma ich überhaupt arbeite. Aus Gründen der Gewinnmaximierung habe ich es bisher vermieden zu erwähnen, in welcher Branche ich tätig bin, Sie hätten ja einer dieser Geizkragen sein können, die die ersten Seiten dieses Buches schon im Buchladen lesen und dann sagen: »Mit *der* Branche habe ich ja gar nichts zu tun, *das* Buch kaufe ich nicht.«

Wir haben nämlich mit vielen Vorurteilen zu kämpfen. Sie brauchen gar nicht erst zu spekulieren. Ich arbeite bei keiner Bank und bin auch kein Beamter. Nicht mal im öffentlichen Dienst.

Für unsere Fachrichtung gibt es seit wenigen Jahren überhaupt erst eine eigene Ausbildung und sogar einen Studiengang, für den, der's braucht. Ich will nicht sagen, dass wir ein Imageproblem haben, aber es ist eher unwahrscheinlich, eine Frau abends an der Bar damit beeindrucken zu können: »Hey, Baby, ich sehe nicht nur verdammt gut aus, ich arbeite auch noch im Facility-Management.« Damit ist die Katze auch schon aus dem Sack: Ich arbeite tatsächlich als Abteilungsleiter/Vertrieb einer großen Facility-Management-Firma – der SERVICE-AG. Wer kennt nicht unseren Slogan, bekannt aus Funk und Fernsehen: »Personal, Produkt, Performance – damit Sie sich um die wichtigen Dinge des Lebens kümmern können«!?

Kommt gut an, draußen am Markt.

Ich werde Ihnen den nächsten »Nein-Kollegen-Typus« anhand eines Konflikts mit unserem Produktentwickler Herrn Werner Saibling veranschaulichen und Ihnen dabei zugleich einen Einblick in meine Branche verschaffen. Als Vorabinformation, ohne prahlen zu wollen: Ich verantworte persönlich den gesamten Bereich »Putzmittelwagenvertrieb Deutschland«. Menschen, die mich gut kennen, versichern mir aber regelmäßig, dass mir mein Karriereerfolg nicht zu Kopf gestiegen ist. Ich bin immer auf dem Teppich, immer Mensch geblieben.

Neulich gab es wieder einmal einen aufregenden Produktrelaunch, den wir einer Idee des wohlmeinenden Chefs unserer Abteilung Produktentwicklung, Herrn Saibling, zu verdanken hatten. Er meinte, Raum werde immer teurer, Büros darum immer kleiner, und daher müssten unsere Putzmittel- und Reststoffentsorgungswagen immer schmaler und wendiger werden. Raum für Putzmittel und Entsorgungsgut sei nicht mehr in der Länge und der Breite zu suchen, sondern in der Höhe. Klingt ja alles schön und gut, aber was diese eierköpfigen Schreibtischtäter in ihrem Elfenbeinturm der Produktentwicklung sich da wieder ausgedacht haben, stößt, vorsichtig formuliert, auf Widerstand in der Realität. Denn nicht nur, dass die Wagen aufgrund ihres nach oben verlagerten Schwerpunkts nun ständig umfallen: Seien wir ehrlich, ohne auch nur in die Nähe des Verdachts des Rassismus zu gelangen: Reinigungskräfte in Deutschland sind mitunter weibliche Menschen mit südländischem oder asiatischem Migrationshintergrund und somit oft von eher geringer Körpergröße. Hat zur Folge: Die Damen kommen aufgrund der Höhe des neuen Wagens nun nicht mehr richtig an ihre Putzmittel heran.

Und wen treffen alle Vorwürfe unserer empörten Kunden zuerst: mich, den Leiter der Vertriebsabteilung.

»Hör mal zu, du Vollpfosten, sollen unsere Reinigungskräfte jetzt auf Stelzen putzen?«, »Soll ich jetzt amerikanische Basketballspielerinnen oder gedopte rumänische Hochspringerinnen als Putzfrauen anstellen??« So lauten noch die am nettesten formulierten ›Kundeneinwände‹. Diese neu gewonnenen Erkenntnisse gilt es nun, konstruktiv umformuliert, in die Entwicklungsabteilung zu tragen. Das ist ja an sich schon schwierig, besonders schwierig ist es aber bei Werner Saibling, dem Kollegentypen des klassischen *Hochgehers*.

Bei ihm fühlt man sich immer wie jemand mit Glasknochen-krankheit auf einem ehemaligen Minenfeld im Kosovo. Man muss im höchsten Maße sensibel, behutsam und taktisch klug vorgehen. Jeder verbale Fehltritt lässt ihn hochgehen wie die Challenger. Was noch erschwerend hinzukommt, ist, dass Saibling laut SERVICE-AG-Firmenorganigramm hierarchisch mit mir gleichgestellt ist.

»Herr Saibling, hätten Sie mal ein Minütchen?« Der aufmerk-same Leser erkennt schon hier den abschwächenden Konjunktiv und den Diminutiv als verniedlichende Zeitangabe.

»Kurz«, lautet seine knappe Antwort.

»Ich wollte mal fragen, ob Sie vielleicht ein Zeitfensterchen für mich öffnen könnten, damit wir über den neuen TX 3-500 sprechen können.«

»Ah, Sie meinen unseren neuen Power-Tower!«

»Ja, der Name ... trifft es wirklich genau.«

»Geht weg wie warme Semmeln, wie? Da macht sich Ihre Arbeit ja quasi von alleine, Schmitt.«

»Juoäh ...« Kennen Sie das? Wenn ein »gedankliches Nein« aus-gesprochen dann aber doch einem »Ja« verdammt verwandt klingt? Das war so eins.

»Deswegen sind Sie hier? Nichts zu danken, Schmitt.«

»Es gäbe da noch eine andere kleine Winzigkeit ...!?«

»Ja, was denn? Ich habe wirklich viel zu tun.«

»Es gibt die ersten Kundenfeedbacks bezüglich des Power-Tow-ers, und da sind doch die einen oder anderen dabei, die Fragen auf-werfen.«

»Ach. Da bin ich ja mal gespannt. Wollt ihr vom Vertrieb eure schlechten Zahlen jetzt wieder auf das Produkt abwälzen?«

»Nein, das sicher nicht. Aber bezüglich der Höhe ...«

»Der Höhe des Preises? Da sind Sie bei mir verkehrt.«

»Nein, des Towers selbst.«

»Ja, das ist doch gerade der Clou daran! Höhe statt Länge und Breite! Effizienz durch Wendigkeit! Sie haben die Produktinfos aber noch nicht so richtig drauf, was, Schmitt?«

»Doch, doch. Nur, diese Höhe ist nicht nur ein Vorteil, sondern eigentlich sogar ein ziemlicher Nachteil.«

»Der Power-Tower hat einen Nachteil?«

»Nein. Äh …, genau genommen sind es *zwei* Nachteile.«

»Schmitt, VORSICHTIG! Was sollen denn Ihre beiden Nachteile sein, wenn ich fragen darf?«

»Also, so wie die Kunden es sehen, scheint er in der Praxis das eine oder andere Mal umzufallen, und wenn er dann mal steht, kommen die Reinigungskräfte gar nicht so richtig oben an die Transportschalen heran. Höhenmäßig.«

»WENN ER DANN MAL STEHT?! WAS WOLLEN SIE MIR EIGENTLICH SAGEN? WOLLEN SIE MICH VERARSCHEN? DENKEN SIE, ICH HÖRE IHRE IRONIE NICHT? HALTEN SIE MICH FÜR EINEN VOLLIDIOTEN? WOLLEN SIE BEHAUPTEN, DER POWER-TOWER WÄRE EINE FEHLKONSTRUKTION??? ›WENN ER DANN MAL STEHT‹.«

»Ehrlich gesagt, die Aussagen der Kunden erwecken den Anschein.«

»ERWECKEN DEN ANSCHEIN? JETZT REICHT'S MIR ABER. GLAUBEN SIE ARROGANTER KLINKENPUTZER ETWA, MIR UND MEINER ENTWICKLUNGSABTEILUNG DIE ARBEIT ERKLÄREN ZU KÖNNEN? ES HABEN HOCHQUALIFIZIERTE FACHKRÄFTE – ALLES DIPLOMINGENIEURE – MONATELANG DARAN ENTWCKELT, UND SIE ALS VERTRIEBSHEINI FALLEN BEI DEM GERINGSTEN GEGENWIND UM WIE EIN KARTENHAUS. WAS SIND SIE – MANN ODER MEMME – ADLER ODER ENTE … HABEN SIE ÜBERHAUPT GEDIENT?«

»Ich habe den Eindruck, man sollte diese Erfahrungen aus der Praxis schon ernst nehmen.«

»JETZT REICHT'S MIR ABER – ICH HABE LANGSAM DIE SCHNAUZE VOLL! MUSS ICH IHNEN JETZT ETWA IHREN JOB ERKLÄREN? SIE ALS VERTRIEBSLEITER MÜSSEN FAULEN VERTRIEBSSÄCKEN EINFACH VERNÜNFTIGE EINWANDBEHANDLUNGSSTRATEGIEN AN DIE

HAND GEBEN UND NICHT NUR AUF FIRMENKOSTEN
MIT TEUREN DIENSTWAGEN DURCH DIE GEGEND
FAHREN!!

DER TOWER IST TOP.

FERTIG.«

Ich fasse noch einmal Mut und spreche wieder in normaler
Schriftgröße:

»Herr Saibling, wollen wir doch etwas sachlicher bleiben, bitte.
Ich verstehe mich einfach ein Stück weit als Anwalt der Kunden.
Und vielleicht können wir die Vorbehalte der Kunden dem Produkt
gegenüber nicht nur versuchen wegzudiskutieren, sondern auch
noch eine technische Lösung für das Problem anbieten. Wie wäre es
denn zum Beispiel mit einer ergänzenden kleinen Trittleiter als an-
schraubbares Zubehör für den Power-Tower? Die könnte gleichzeitig
auch noch als Stabilisator dienen. Damit könnten wir sogar noch
Cross-Selling betreiben.«

Fehler! Großer Fehler!! Ich hätte ihn selbst darauf kommen lassen
sollen. Denn nun zeigt sich Saiblings Kern: weich in der Sache, hart
in der Form.

Im Klartext: inhaltlich einknicken, aber äußerlich einschnappen.

Er sagt: »Gut, meinetwegen, dann stampfen wir das ganze Projekt eben ein. Dann war es das mit Ihrem Power-Tower. Meine ganze
Arbeit für die Katz, ich habe ja sonst nichts zu tun. Sie als Vertriebler
können das ganze Werbematerial zurückholen und schreddern, und
wir schließen den Laden. Sind Sie dann zufrieden?«

»Natürlich nicht, aber …«

»Nichts aber. Schade, dann werde ich mich jetzt wirklich dafür
einsetzen, das Projekt zu beenden. Es wäre doch sinnlos, den Versuch
mit der Trittleiter zu unternehmen. Ich versuche doch nicht, ein Produkt, das Ihre Kunden schlechtreden, künstlich durch ein neues Produkt verkaufbar zu machen. Man wirft doch nicht gutes Geld
schlechtem hinterher!«

»Herr Saibling, wir müssen doch jetzt nicht ins Allgemeine ab-
rutschen. Es geht nur darum, aus einem Malus einen Bonus zu ma-

chen. Wollen Sie über die Trittleiter nicht wenigstens einmal nachdenken?«

»Ja gerne, sehr gerne. Ich werde mir für Sie das Hirn zermartern, nächtelang. Bevor ich noch verantwortlich bin für Umsatzeinbrüche bei der SERVICE-AG in Milliardenhöhe … Eine Trittleiter … beim Power-Tower …«

Mit schlecht gespielter Höflichkeit verabschieden wir uns voneinander. Zurück in meinem Büro erwäge ich kurz, bei Wikipedia den Artikel über den Begriff »Choleriker« umzuschreiben. Lieber doch nicht. Das Problem ist nämlich: Saiblings Charakter ist mit dem einen Begriff »Choleriker« gar nicht erschöpfend zu beschreiben; mindestens eine Komponente kommt noch hinzu: der Hang des *Hochgehers* zur inneren Emigration. Vielleicht ist die Richtigkeit seiner Meinung in der Vergangenheit einfach zu oft angezweifelt worden (aus guten Gründen, wie man vermuten darf), und dann hat er irgendwann gemerkt, dass Argumente nicht seine Freunde sind. In dem Moment ist schiere Lautstärke natürlich ein vermeintlich adäquates Ersatzmittel, um sich durchzusetzen. Vielleicht macht aber auch schlicht und einfach nur ein unausgewogener Hormonhaushalt den Menschen zum *Hochgeher* …

Lassen Sie mich aber noch das Charakteristikum der ›inneren Emigration‹ durch das folgende Beispiel erläutern, denn die Power-Tower-Story ging noch weiter. Einige Tage später steht Herr Saibling in meinem Büro und lässt mich an den Ergebnissen seiner Gedanken teilhaben.

»Ihre Trittleiter ist in Planung, allerdings musste ich dafür sorgen, dass überhaupt etwas Vernünftiges aus Ihrem Vorschlag wird.«

Er macht eine von diesen Wichtigtuerpausen.

Ich gönne ihm diesen Spannungsmoment und schweige gespannt.

»Ich habe noch einen Halter für Window-Cleany angebracht.«

»Sie meinen die Teleskopstange für den Fensterabzieher?«, stelle ich mich ihm zuliebe dumm.

»Ex-akt, Herr Schmitt, ex-akt.«

»So. Und?«

»In dem Halter kann die Reinigungskraft den Fensterabzieher mit Teleskopstange zwischenlagern und hat damit wieder beide Hände frei für den Putzvorgang, ohne von der Leiter herabzusteigen oder den Abzieher am Fenster anlehnen zu müssen. Nach dieser gravierenden Verbesserung sehe ich zumindest eine geringe Chance, dass aus Ihrem Verbesserungsvorschlag etwas Vernünftiges werden kann. Was mich aber nicht darüber hinwegtröstet, dass ich Ihrer Idee grundsätzlich mehr als skeptisch gegenüberstehe und diese Produktentwicklung nur unter Protest durchführe.«

Sehen Sie, was ich meine? Entgegen seiner Überzeugung macht er, was man von ihm möchte, leidet dabei aber, für alle offensichtlich. Macht es aber trotzdem. Weich in der Sache, hart in der Form. Ich bin fest überzeugt, Sie machen es umgekehrt. Inhaltlich bleiben Sie sich und Ihrer Sache treu, tun dies aber in wertschätzender, respektvoller Art und Weise. Falls nicht: Mein aufrichtiges Beileid – und: Gut, dass Sie dieses Buch gekauft haben!

Mein Rat für den Umgang mit dem *Hochgeher:* Absolvieren Sie eine Zusatzausbildung in einem Minenräumkommando. Die dort erlernten Techniken von minutiöser Vorbereitung und fehlerfreiem Vorgehen, gepaart mit einer ›gesunden‹ Portion Selbstaufgabe und -verleugnung werden dafür sorgen, das Minenfeld betreten zu können, ohne dass es zur Explosion kommt. Sollten Sie doch auf eine Mine treten, gibt es für Erfolgssucher wie Sie ein Leben nach der Explosion: Atmen Sie einmal tief ein und wieder aus. Achten Sie hierbei darauf, dass dieses Atmen nicht als Geste der Missbilligung gedeutet werden kann und die Explosion einer weiteren Mine auslöst.
Warten Sie geduldig, bis sich der Rauch bzw. der erste Wutausbruch verzogen hat. Egal, was passiert, bleiben Sie im Modus »Beschreiben, nicht bewerten«. Bewertende Sätze wären zum Beispiel: »Von jemandem, der neu in dieser Abteilung ist, billige C&A-Anzüge trägt und für den ›Morgenhygiene‹ ein Fremdwort ist, lasse ich mich nicht anschreien.« So ein Satz wäre eindeutig bewertend. Beschrei-

bend hingehend wäre: »Ich bin gerade etwas irritiert ob Ihrer Sprech-
lautstärke.« Oder: »Entschuldigung, ich glaube, ich habe gerade einen
Tinnitus bekommen.« Die seriöseste Lösung wäre: »Ich habe das Gefühl, wir verlassen gerade die Sachebene und begeben uns auf die Beziehungsebene. Lassen Sie uns zurück zur Sache kommen.« Diese Haltung erlangen Sie, indem Sie die Situation ›von außen‹ betrachten, das
heißt, obwohl Sie selbst mitten im Geschehen stecken, einen Schritt
aus sich heraustreten, beobachten und dann das Beobachtete beschreiben. Dies wird dazu führen, dass der *Hochgeher* entweder Türen
schlagend den Raum verlässt oder sich nun ein vernünftiges Gespräch
entwickelt.

Diese innere Gelassenheit erreiche ich mit meinem dritten Auge oder
meinem emotionsfreien Avatar.

**Höllenregel 7: Bewahren Sie sich im Umgang mit *Hochgehern* stets
eine beschreibende Außenperspektive.**

Die Rücksichtforderin

Ein Staubsauger ist ein elektrisches Gerät, bei dem mittels Unterdruck innerhalb desselben eine Saugkraft entsteht, die es ermöglicht, Dinge aus der Umgebung in sein Inneres aufzunehmen. Wenn Sie nun einmal versuchen, diesen Vorgang auf menschliches Verhalten zu übertragen, führt das automatisch zu unserem nächsten Typus: der *Rücksichtforderin*.

Ramona Pichel ist unsere Abteilungsleiterin im Bereich Logistik. Es bleibt mir ein ewiges Rätsel, wie sie mit ihrer Charakterstruktur jemals in diese Position gelangen konnte. Frau Pichel ist tatsächlich ein Mensch, der es schafft, von allen in ihrer Umgebung dauerhaft ein Maximum an Rücksichtnahme nicht nur einzufordern, sondern auch zu erhalten. Ihr Innerstes scheint nicht genug davon bekommen zu können. So wie bei dem Witz über schauspielerische Eitelkeit scheint es bei ihr mit dem Thema Rücksicht zu sein. »Jetzt habe ich stundenlang nur von mir geredet, nun sag DU doch mal: Wie fandest du mich in meinem letzten Film?« So wie der Schauspieler ohne Unterlass über sich und seine Rollen sprechen kann, so gibt die *Rücksichtforderin* unerschöpflich Auskunft über sich und in besonderem Maße ihre – nennen wir es einmal: »Gemütslage«. Und damit zwingt sie andere zur Rücksichtnahme. Was es mit diesem permanenten Einfordern von Rücksichtnahme auf sich hat, möchte ich Ihnen gerne im Folgenden veranschaulichen. Lassen Sie mich hierzu erst einmal ein schon länger währendes Unbehagen meinerseits gegenüber Frau Pichel schildern.

Anfangs habe ich mich gefragt, warum in der Zusammenarbeit mit ihr, insbesondere bei großen Meetings, grundsätzlich so viel Zeit für nicht arbeitsrelevante Themen verloren geht. Bis ich herausfand, dass diese nicht arbeitsrelevanten Themen tatsächlich nur *einen* Ge-

genstand haben, nämlich: Frau Pichel selbst. Und sie macht sich auch zum Thema, wenn sie nichts sagt. Denn sie hat die Eigenart, alles, was sie tut, mit demonstrativ lautem Schnaufen, Seufzen und Keuchen zu untermalen, als wollte sie hiermit zum Ausdruck bringen: »Seht her, wie ich mich plage!« Das Fatale ist, dass es immer wieder einen Idioten gibt, der sich hiervon zu der Frage hinreißen lässt: »Na, Frau Pichel. Geht's?« Und dann geht sie los, die Reise in die unendlichen Weiten des Innenlebens der Frau Pichel. Man dringt dabei in Galaxien vor, die nie ein Mensch zuvor gesehen hat – aber auch gar nicht sehen will!

»Ach, hören Sie auf, fragen Sie besser nicht.« Was tatsächlich auch niemand tut, da fast alle wissen, was dann kommen wird.

Dennoch redet sie weiter: »Ich kann Ihnen sagen, ein Alptraum schon wieder ...«

»Alles wäre in Ordnung, wenn nicht ...«

»Ich kann ja viel vertragen, aber ...«

»Mit mir kann man's ja machen, aber zu viel ist zu viel ...«

»Ich weiß schon gar nicht mehr, wo mir der Kopf steht ...«

»Und dann noch zu Hause, fragen Sie mich bloß nicht!«

Was auch immer noch niemand tut. Und wieder geht es trotzdem weiter:

»Ich sage Ihnen eins, schaffen Sie sich niemals Haustiere an! Man glaubt, das macht kaum Arbeit, aaaber ...«

Faszinierend, wie manche Menschen ohne Gesprächsanregung von außen, sondern rein aus sich selbst heraus, endlos Redeanlässe generieren können. Sie und ich, wir gestalten unsere Gespräche in aller Regel dialogisch: Sie sagen etwas, Ihr Gegenüber sagt etwas, Sie erwidern etwas und so weiter.

Man nennt dies auch Wechselrede, im Gegensatz zur Einzelrede, dem sogenannten Monolog. Zugegeben, auch ich erzähle momentan monologisch, aber Entschuldigung, ich schreibe ja auch ein Buch. Die Pichel nicht, sie redet nur wie eins! Und das hat ausschließlich *einen* Inhalt: Nehmt alle Rücksicht auf mich, denn ich habe es ja so schwer.

Und so geht sie weiter, die Reise. Als Nächstes berichtet sie uns von ihrer Katze, die offenbar immer, wenn sie rollig ist, komplett durchdreht und die ganze Familie terrorisiert. »Ganz das Frauchen«, denke ich. Der Tierarzt habe jetzt die Sterilisation empfohlen, dies sei aber ein Eingriff von so großer Tragweite, dass die Entscheidung dafür oder dagegen *gerade ihr als Frau* unheimlich schwerfalle …

Du meine Güte!

Zu meiner großen Erleichterung unternimmt der Meetingverantwortliche, Herr Plech, den Versuch, das Gespräch auf den eigentlichen Grund unseres Treffens zu lenken. Vergeblich. »Wollen wir dann anfangen?« Auch diesen Ball nimmt Frau Pichel auf und verwandelt ihn auf magische Art und Weise in eine Anregung, noch mehr von sich zu preiszugeben.

»Sie sind ja gut, an mir liegt es bestimmt nicht. Als ob ich nicht anfangen will! Ich habe mir doch extra diesen Termin hier freigeschaufelt! Also, ich habe weiß Gott viel zu tun, aber von mir aus könnten wir schon fertig sein, ich habe noch genug auf dem Schreibtisch. Da brennt die Hütte! Wenn ich nur daran denke, was die Firma Klaushuber noch alles von mir will! Fünfhundertzweiundsiebzig leichte Ersatzputzmittelwannen für den Power-Tower! Und das, obwohl wir alle wissen, wie angespannt die Situation mit dem Power-Tower momentan ist. Das bereitet mir im Übrigen schlaflose Nächte, ganz ehrlich! Mein Mann hat schon gefragt, ob ich Kilometergeld kriege, weil ich die ganze Nacht im Schlafzimmer herumwandere …« – »Gut«, sagt Plech energisch, »das sind sicher hilfreiche Anregungen, die wir da von Ihnen bekommen, gerade in Bezug auf den Power-Tower läuft ja noch nicht alles rund, aber heute sind wir ja hier, um über neue Marketing-Strategien zu reden.« Ich richte mich im Stuhl auf, in der Hoffnung, dass es nun endlich losgeht.

Da fängt die Pichel schon wieder an: »Noch nicht alles rund!? Also, ich finde, dass das Problem mit dem Power-Tower da aber tüchtig kleingeredet wird! Nicht wahr, Herr Schmitt?« O Gott! Jetzt versucht sie auch noch, mich auf ihre Seite zu ziehen. Selbst wenn ich ihr inhaltlich recht gebe – auf ihre Seite, da will ich unter keinen Umständen hin und sage deswegen erst mal gar nichts. Kein Problem, peinliches Schweigen kann in ihrer Gegenwart ja nicht aufkommen, und so fährt sie fort:»Neulich hat mir jemand vom Vertrieb geschrieben, der Power-Tower sei das 9/11 der SERVICE-AG, und dabei sei noch nicht mal Al-Kaida im Spiel!« Ich gucke sie entgeistert an, ich habe nicht damit gerechnet, dass sie mitbekommt, was außerhalb ihrer Welt passiert. Sie führt aus:»Bei mir geht es wegen des Themas schon wieder mit meinem erhöhten Cholesterinspiegel los, das hat mir mein Hausarzt in einem ausführlichen Gespräch bestätigt.«

Ich denke über die vermutliche Länge dieses Gesprächs mit ihrem Arzt nach und stelle mich auf eine Erhöhung meiner Krankenkassenbeiträge ein.

Frau Pichel fährt ungebremst fort:»Ich weiß gar nicht, ob Ihnen klar ist, was ein erhöhter Cholesterinspiegel bedeutet...!? Ein Warnsignal des eigenen Körpers und der Seele, das man ernst nehmen muss.« Jetzt lehne ich mich wieder zurück, denn das Thema, das wissen wir alle im Betrieb, das dauert. Es beginnt in der Regel mit der Herkunft der Erkrankung, gefolgt vom Zusammenhang mit psychologischen Komponenten, ausgeschmückt mit der Beschreibung spannender Symptome, weitergeführt mit persönlichen Belastungen durch die Krankheit, garniert mit der Klage über eingeschränkte Therapiemöglichkeiten, abgerundet mit dem scheinbar nicht enden wollenden Diskurs: ganzheitliche Schulmedizin versus Homöopathie, Yoga und Atemtherapie sowie Reiki... Ein gefühltes Stündchen geht dahin...

Dann endlich setzt Plech sich durch, und es bleibt uns gerade noch genug Zeit, wenigstens die wichtigsten Themen kurz abzuhandeln.

Danach bekomme ich mit, wie unser Chef, Herr Plech, die Kollegin Pichel zur Seite nimmt und fragt, ob sie denn momentan noch genügend in der Lage wäre, Berufliches und Privates zu trennen.

Ich denke mir nur: Anfängerfehler. Er gießt Öl ins Feuer.

Auf diesen Redeschwall mit einer offenen Frage zu reagieren, muss doch zum absoluten verbalen Super-GAU führen! Und so kommt es denn auch.

»Mein lieber Herr Plech, nun hören Sie mir mal zu.«

Ich denke: »Was haben wir denn die letzte Stunde gemacht?«

Sie fährt fort: »Die Trennung von Beruf und Privatleben ist ja nur dann gewährleistet, wenn das Arbeitsleben von der Führungsebene so strukturiert ist, dass man nicht andauernd unfertige Dinge mit nach Hause nehmen muss. Was glauben Sie eigentlich, wie viel Arbeit, die Sie mir persönlich aufgetragen haben, ich jeden Abend mit nach Hause nehme, und sei es nur in Gedanken. Den Druck, den Sie aufbauen, den sollten Sie mal selber aushalten. Das kommt dabei heraus, wenn man immer nur fordert, fordert, fordert. Mein Mann hat auch schon gesagt, wenn ich nicht aufpasse, dann hole ich mir noch einen Burnout. Und *die* Debatte wollen Sie ja wohl nicht in ihrer Abteilung haben, Herr Plech. Ich merke doch, wie dieses Thema ständig unter den Teppich gekehrt wird.«

Aus der nunmehr gereiften Erkenntnis heraus, dass da kommunikativ nichts mehr zu machen ist, gibt unser Chef nach, beendet das Gespräch und verlässt den Raum.

O mein Gott! Wie ein Voyeur, der es nicht schafft, den Blick von einem schrecklichen Unfall abzuwenden, obwohl er entsetzt darüber ist, konnte ich nicht weghören. Und so habe ich die Chance verpasst, wie meine anderen Kollegen rechtzeitig den Raum zu verlassen.

Plötzlich bin ich mit Frau Pichel alleine! Ich habe Angst, Angst, heute Abend von unserer Putzkolonne mit blutenden Ohren ohnmächtig auf dem Fußboden des Meetingraums aufgefunden zu werden.

Sie stellt sich in den Türrahmen, den sie aufgrund ihrer Statur, unter uns bemerkt, auch beinah gänzlich ausfüllt, als wolle sie mir den Fluchtweg versperren. Ich frage mich ernsthaft, ob der Sprung aus einem Fenster des dritten Stocks weniger schmerzhafte Folgen hat, als durch ihren Redefluss gepeinigt die nächsten zwei Stunden zu verbringen.

Da legt sie auch schon los: »Das ist doch jetzt ein starkes Stück, oder, Herr Schmitt?« Um nicht denselben Fehler zu begehen wie mein Chef, suche ich nach einer geschlossenen Frage, verwerfe den Gedanken aber sofort wieder und gehe gleich in die Offensive: »Frau Pichel, ich glaube, ich muss Herrn Plech da recht geben. Sie haben soeben durch die ausufernden Schilderungen Ihrer privaten Probleme ein Meeting, an dem mehrere hochbezahlte Kollegen beteiligt waren, nahezu verunmöglicht.«

Sie schaut mich kurz verdutzt an und sagt dann: »Herr Schmitt, wenn Sie irgendwelche Kritik üben wollen, dann müssen Sie sie schon so formulieren, dass Ihr Gegenüber sie auch annehmen kann. Ich denke, wir haben uns in unseren letzten Teamleitermeeting darauf geeinigt, Kritik ausschließlich in Ich-Botschaften auszusprechen.«

Ich starte meinen nächsten Versuch: »Liebe Frau Pichel, wie Sie meinen. Ich formuliere es einmal anders. Ich würde mir wünschen, dass Sie in Zukunft noch besser darauf achten, dass in unseren Meetings alle Kollegen gleichermaßen zu Wort kommen, nicht nur Sie. Außerdem wünsche ich mir, dass die Meetings in erster Linie für berufliche Themen genutzt werden und Privates bei anderer Gelegenheit besprochen wird.«

Premiere, der Vorhang fällt, Standing Ovations, die Menge tobt, Schulterklopfen, Herr Schmitt, Sie haben es geschafft: Zum ersten Mal sehe ich Ramona Pichel für mehrere Sekunden sprachlos. Es scheint, als würden die Atome, die Ramona Pichel bilden, aus ihrem Verbund gerissen, um sich dann wieder neu zusammenzusetzen. Leider wieder in der Form von Ramona Pichel. Dann spricht sie in kalter und ruhiger, *zu* ruhiger Stimme zu mir: »Ich hätte nicht gedacht, dass einer Führungskraft menschliche Themen so unbekannt sein können wie Ihnen. Sie sind eine Maschine – ein Roboter. So etwas wie ›soziale Kompetenz‹ ist für Sie doch ein Fremdwort!«

Worauf ich, nun gelassen, erwidere: »Frau Pichel, ›sozial‹ und ›Kompetenz‹ *sind* Fremdwörter.«

So haben wir im Grunde beide recht – und ich dazu Glück im Unglück: Sie spricht seitdem kein Wort mehr mit mir.

Pssst – jetzt mal im Vertrauen: In Wirklichkeit bin ich viel sensibler, als die Pichel denkt. Also, nicht *zu* sensibel, nun wirklich kein Weichling. Ich kann durchaus meine Ellbogen einsetzen, sonst hätte ich meine Position in der Firma auch nie und nimmer erreicht! Aber genau in gesundem Maße bin ich schon sensibel – für einen Mann. Das hat auch meine Freundin immer gesagt, also, bevor sie mich verlassen hat – aber das alles gehört nicht hierher. Jedenfalls habe ich mir dank meiner Sensibilität im Nachhinein noch Gedanken über Frau Pichel gemacht und mich gefragt: Wie wird ein Mensch zur *Rücksichtforderin?* Warum hat sie immer nur sich selbst und ihre Wehwehchen im Sinn? Vielleicht hat die *Rücksichtforderin* als Kind zu wenig Fürsorge erhalten und hungert nun nach Rücksicht und Aufmerksamkeit für ihr Innerstes. So leid es mir aber auch tut: Da kann ihr niemand von uns helfen. Aus Selbstschutz muss man ihr jede Empathie entziehen, sonst … Sie erinnern sich an den Staubsaugervergleich? Wenn man sich auf sie einlässt, ist man hinterher komplett leer.

Auch, dass ich mir überhaupt diese sensiblen Gedanken über sie mache, darf die Pichel nie erfahren, am Ende verzeiht sie und spricht dann wieder mit mir – und das gilt es unbedingt zu vermeiden!

Mein Rat für den Umgang mit dem Typus der *Rücksichtforderin:* Kommen Sie ihr entgegen, schenken Sie ihr einen Pschyrembel. Das ist *das* medizinische Lexikon mit einem Verzeichnis von Tausenden von Krankheiten inklusive detailreichen »appetitlichen« Bildern. Darin kann sie in ihrer Freizeit stöbern und schmökern, so lange sie lustig ist, und damit ihr Bedürfnis nach exzessiver Selbstbeschau stillen. Und falls sie eines Tages vorgibt, sich eine Steinlaus eingefangen zu haben, ist das Ihr großer Moment. Der Moment, in dem sich die 49 Euro Investitionskosten für das medizinische Lexikon gelohnt haben. Denn die Steinlaus finden Sie zwar tatsächlich im Pschyrembel, sie ist aber eine reine Erfindung von Vicco von Bülow, kurz: Loriot. Wenn Sie sie überführt und mit diesem Sachverhalt konfrontiert haben, runden Sie es mit einem weiteren Loriot-Zitat ab, diesmal aus dem Nudelsketch: »Sagen Sie jetzt nichts!«

Hier noch ein etwas seriöserer Alternativvorschlag: Im Falle einer ›Beschwallung‹, also eines nicht enden wollenden Redeflusses über Privatangelegenheiten, insbesondere über Gebrechen, empfehle ich die Verwendung meiner sogenannten Abbiegephrasen, mit denen Sie elegant das Thema wechseln. Mehrfach erfolgreich erprobte Abbiegephrasen sind: »Apropos ›schlecht‹, was ich auch nicht schlecht fände …«, »Kopfschmerzen? Das tut mir leid. Aber mir bereitet ein ganz anderes Thema Kopfschmerzen, nämlich …«, »Verletzung am Sprunggelenk? Verzeihen Sie den Gedankensprung, aber …« Oder noch viel dreister: Sagen Sie einfach: »Das ist ja quasi wie …« Oder: »Das erinnert mich an …« – Und dann von etwas völlig anderem reden.

Zusammenfassend könnten Sie diese Form der Kommunikationsführung auch bezeichnen: »And now for something completely different« – diesmal angelehnt an andere Idole meiner Jugend, Monty Python.

Höllenregel 8: Im Umgang mit *Rücksichtforderinnen* verwenden Sie Abbiegephrasen.

Die Bored-Identität

»Herr Schmitt?«

Es klopft an meiner offenen Tür, unser Hausmeister ist da. Schmidtbauer ist der letzte Kollege, der noch unter dem ehemaligen Seniorchef der SERVICE-AG gearbeitet hat, für ihn selbst ist es bis zur Rente auch nicht mehr allzu weit hin. Bei einem Pferd würde man sagen: »Er bekommt sein Gnadenbrot.« Schmidtbauer ist noch geprägt von der Sozialromantik der *guten alten Zeit,* aber das ist bei Weitem nicht sein größter Fehler. Für alle anderen ist er die ›gute Seele‹ des Hauses, für mich ist er einfach ein Quälgeist. Warum, sehen Sie gleich.

»Herr Schmidtbauer, was führt Sie zu mir?«

»Herr Schmitt, da kommt was auf uns zu.«

»Was denn?«

»Ouhouhouhouhouhouhou…!«

»In anderen Worten?«

»Es ändert sich einiges. Neue Büromöbel soll's geben.«

Ich antworte weltmännisch: »Herr Schmidtbauer, Sie wissen doch: Nichts ist so konstant wie der Wandel. Neue Möbel sind doch etwas Schönes! Wie lange haben wir die alten Sachen denn schon?«

»Fünfzehn Jahre bestimmt, aber das ist doch kein Alter für Möbel!«

»Nun ja, wir sind eben ein aufstrebendes, erfolgreiches Unternehmen. Das darf der Kunde doch auch gleich sehen, wenn er hier reinkommt.«

»Man kann das Geld auch zum Fenster rausschmeißen … Sachen gibt man doch nicht weg, wenn sie noch funktionstüchtig sind, wo kommen wir denn da hin?«

»Hm. Was kann ich denn da für Sie tun?«

»Sie können da gar nix tun, Sie sind ja auch nur ein kleines Licht.«

»Entschuldigung?«

»Schon gut. Ausmessen muss ich hier.«

»Ja, was denn?«

»Den Abstand von der Steckdose da bis zum Schreibtisch.«

»Bitte, nur zu!«

»Ja, so einfach geht das aber nicht. Da müssen wir erst einen Termin vereinbaren.«

»Also, mir würde es jetzt passen.«

»Ihr Leben möcht ich haben. Ich hab im Moment grad gar keine Zeit.«

»Aber nun sind Sie doch schon hier!?«

»Ja sicher, aber doch nur, um einen Termin mit Ihnen auszumachen. Ich verfolge da doch einen ganz dezimierten Plan!«

Wäre ich ein arroganter Arsch, würde ich ihn korrigieren, dass er wahrscheinlich einen dezidierten Plan meint, aber Sie kennen mich ja. Ich frage nur: »Sie meinen einen ganz strikten Zeitplan?«

»Ja, sage ich doch! Wenn da jeder, wie er wollte …!? Das gäbe ja ein heilloses Durcheinander! Wir finden jetzt gemeinsam einen Termin, an dem ich in Ruhe bei Ihnen vorbeikomme – jetzt habe ich ja gar kein Material dabei. Sie wollen doch auch, dass später alles funktioniert, oder?«

»Ja, selbstverständlich. Wie wäre es denn morgen um die gleiche Zeit?«

»Ich nehm das auf. Wenn ich das dann unten mit meinem Plan abgeglichen habe, rufe ich Sie wieder an.«

»Gut, so machen wir es.«

Als er schon halb wieder draußen ist, dreht er sich noch mal um, fast wie Inspektor Columbo, nur mit zwei Unterschieden: Statt einem beigefarbenen, verknitterten Trenchcoat trägt Schmidtbauer einen gebügelten, grauen Hausmeisterkittel, aber vor allem verkündet Columbo immer Wichtiges so, als wäre es gänzlich nebensächlich, bei Schmidtbauer ist es genau umgekehrt.

»Herr Schmitt, *eine* Frage hätte ich noch.«

»Jaaa?«

»Wenn ich jetzt gleich unten bin«, spricht er langsam und bedeutungsschwanger weiter, »und sehe, dass der Termin morgen schon vergeben ist, können Sie dann auch zu einem anderen Zeitpunkt?«

»Kommen Sie einfach, wann Sie wollen!«

»Herr Schmitt, so geht das nicht.«

»Wieso?«

»Wenn ich komme und Sie sind zum Beispiel gerade bei Frau Sybille, was mache ich denn dann?«

»Bei der werde ich garantiert nicht sein«, denke ich und sage: »Dann messen Sie halt ab, wenn ich nicht da bin.«

»Das mache ich unter gar keinen Umständen. Sie haben doch auf Ihrem Schreibtisch lauter sensible Daten. Wie sieht das denn aus, wenn ich alleine hier drin bin!? Da könnte man ja den Eindruck gewinnen, ich würde hier herumschnüffeln! Die da oben warten doch nur auf so was. Da hat schon mancher seinen Job verloren. Und gerade wir Hausmeister stehen doch heute überall auf der Abschussliste. Und dann noch in einer Facility-Management-Firma, wo man den Kunden dauernd empfiehlt, solche Sachen, wie ich sie mache, outzusourcen. Mein Stuhl ist doch ein Schleudersitz!«

»Nein, lieber Herr Schmidtbauer, da kann ich Sie beruhigen. Davon wüsste ich, seien Sie unbesorgt.«

Das wäre doch ein super Schluss. Columbo wäre jetzt gegangen. Warum glauben alle Leute, sich bei mir ausheulen zu müssen?

Aber immerhin hat Schmidtbauer mich gerade auf eine ganz hervorragende Idee gebracht: Bei nächster Gelegenheit werde ich Plech vorschlagen, das Facility Management outzusourcen.

Nur ein Scherz, lieber Leser, oder hätten Sie es mir zugetraut? Aber Lust dazu hätte ich im Moment schon, wie Sie sicher nachvollziehen können!

Tatsächlich mache ich das, was ich mit dem Kollegentypus *Bored-Identität* immer mache: Ich gebe ihm das Gefühl, wichtig zu sein.

»Herr Schmidtbauer«, sage ich, während ich aufstehe und auf ihn zugehe, »als ob Sie jemand ersetzen könnte. Wenn Sie nicht mehr wären, dann würde der ganze Laden doch den Bach runtergehen.«

»Wem sagen Sie das … Aber wissen *die da oben* das auch? Diese Jungmanager, die direkt von der Uni ins Management fallen, aber noch nie mit einer Frau gesprochen haben, die vier Kinder hat und abends noch putzen geht!«

»Kondome schützen«, denke ich, nun schon reichlich genervt, und möchte das Gespräch jetzt wirklich beenden.

»Rufen Sie mich einfach an, wenn Sie wieder unten sind, dann gebe ich Ihnen einen neuen Termin.« Mit sanftem Druck an der Schulter schiebe ich ihn aus meinem Büro. »Schön, dass wir mal wieder geplaudert haben!«, rufe ich noch freundlich hinterher. »Kommen Sie jederzeit wieder vorbei. Es ist immer wieder nett mit Ihnen.« Tür zu: Fuck ODP!

Warum hat er nicht gleich angerufen, frage ich mich, aber vorsorglich nicht ihn, denn er würde mir dann sicherlich einen ausufernden Vortrag halten über die Wichtigkeit des persönlichen Austausches und ähnlichem Quatsch. Was passiert eigentlich, wenn er den Schreibtisch von Pichel ausmisst? Ein gegenseitiger Rede-Tsunami wahrscheinlich.

Außerdem weiß ich sowieso, warum er nicht einfach angerufen hat: Es gibt einfach in jeder Firma Menschen, die haben so wenig zu tun, dass sie das Wenige, was sie tun, mit dem größtmöglichen Aufwand und der größtmöglichen Wichtigkeit verrichten vor lauter Langeweile. Bei einem Hausmeister kann man diese Eigenart noch ertragen. Richtig schlimm für die gesamte Belegschaft eines Unternehmens wird es, wenn der Typus *Bored-Identität* an Schaltstellen sitzt und dort ganze Arbeitsprozesse aufbläst.

Für den Typus selbst gilt: Auf diese Art bekommt man zwar niemals einen *Burnout*, aber ziemlich wahrscheinlich einen *Bore-Out*. Das sind auch die Menschen, die niemals versuchen, Arbeit abzuwälzen, sondern für den Erhalt der wenigen Arbeit, die sie noch haben, kämpfen wie die Nazis um Stalingrad. Und wie das ausgegangen ist, weiß man ja!

Für den Umgang mit *Bored-Identitäten* empfehle ich das, was sich jede Regierung der Welt wünscht: Vollbeschäftigung! Machen Sie ihm Arbeit! Erfinden Sie neue Tätigkeiten, extra für ihn – zum Beispiel prüfen, ob alle Bilder im Unternehmen gerade hängen, ob die Lichter in den Toiletten ausgeschaltet sind, ob Bleistifte gespitzt werden müssen und dergleichen. Ich nenne dies das »Aschenputtel-Prinzip«: Erbsen und Linsen zusammenschütten und sie ihn wieder auseinandersortieren lassen. Achten Sie darauf, dass die Fenster und Türen verschlossen bleiben, damit keine Tauben kommen und helfen. Funktioniert genauso gut mit Schrauben und Muttern oder Sommer- und Winterreifen.

An dieser Stelle wieder Spaß beiseite: Man kann sich natürlich auch die Mühe machen, bei der *Bored-Identität* nach verborgenen oder verschütteten Talenten zu suchen und, falls man welche findet, diese zu fördern. Gehen Sie nach dem Grundsatz vor: »In irgendetwas ist JEDER ein Experte – und wenn nur beim Thema Pornos.«

Der Clou: Dieser Mensch kann garantiert erstklassig im Internet recherchieren! Auch ein Talent. Also, finden Sie es heraus und machen Sie es für sich und Ihre Firma nutzbar!

Meine Empfehlung: Talente finden, fördern und fordern – das wird ihm oder ihr die nötige Wertschätzung verleihen, das Gefühl von Nutzlosigkeit vertreiben und somit die *Bored-Identität* von ihrer chronischen Langeweile heilen.

Hier hilft mein Goldgräberverfahren.

Höllenregel 9: Schürfen Sie nach versteckten Talenten und beschäftigen Sie Ihren Kollegen mit dem, was er WIRKLICH kann!

Fräulein Jaja-Sofort

Nachdem ich nun schon einige Mitarbeiter der SERVICE-AG beschrieben habe, sollte ich wohl einmal auf unsere räumliche Situation zu sprechen kommen. Ich sitze in einem ca. fünfzehn Quadratmeter großen Einzelbüro, das zu meiner Linken durch eine Glasscheibe Einblick gewährt in das angrenzende Großraumbüro der von mir geführten Vertriebsabteilung. Der erste Tisch, den ich sehe, ist der von Monika, meiner Assistentin. Sie ist ja, wie erwähnt, keine meiner Nein-Kolleginnen, deshalb wird sie hier auch nicht weiter beschrieben. Schräg dahinter aber sitzt Frau Svetlana Alvarez, die für mich die Angebotserstellung zu erledigen hat. Frau Alvarez ist wirklich eine ganz eine Liebe, eine richtig herzensgute Person, wirklich. Und sie vertritt den nächsten Kollegentypus: *Fräulein Jaja-Sofort*. Obwohl schon deutlich über dreißig, verwende ich für sie bewusst die so gar nicht politische korrekte Anrede »Fräulein«. Es gibt einfach Frauen, da hat man das Gefühl, die Fünfzigerjahre seien noch nicht vorbei.

Aber nicht die coolen Fünfziger mit Rock 'n' Roll, Petticoat und Aufbruchsstimmung, sondern die miefigen mit Schlagerschmalz, Muttis Kittelschürze und Obrigkeitshörigkeit. Denn bei ihr scheinen die Werte von damals noch topaktuell zu sein. Vor allem das »Wer was schafft, der wird auch was« und »Ohne Fleiß kein Preis« und ganz besonders diese Selbstaufgabe, die sie sich abverlangt. All das wäre mir egal, es wäre mitunter sogar nützlich für mich, wenn nicht diese ihre Haltung immer wieder zu einer negativen Beeinflussung ihrer Arbeitsergebnisse bei den von mir erteilten Aufträgen führen würde. Denn sie opfert sich nicht nur mir bis zur Selbstaufgabe, was ich soweit goutiere, sondern wahllos allen gleichgestellten

Kollegen und Vorgesetzten, von denen sie um einen Gefallen gebeten wird.

Ein Beispiel: Es ist zehn vor sechs. Frau Alvarez ist mittlerweile schon fünfzig Minuten länger hier als vertraglich vereinbart. Alle ihre Kolleginnen und Kollegen haben sich bereits in den wohlverdienten Feierabend verabschiedet, inklusive der Kollegin, die ihr noch kurz vor dem Nachhausegehen einen Ordner mit Arbeit hingelegt hat. Verbunden mit Hundeblick und dem gesäuselten *Bitte bitte bitte*, ihr dies doch abzunehmen, mit der fadenscheinigen Begründung, es handle sich um einen Notfall.

Ich selbst bin nur noch da, weil auf mich zu Hause ja eh niemand wartet und ich hier schneller Filme brennen kann. Gut, jedenfalls habe ich so die Gelegenheit, überhaupt mitzubekommen, was passiert.

Während eines Brennvorganges schlendere ich mal zu ihr hinüber und frage ganz harmlos: »Na, Frau Alvarez, Sie sind mir ja auch ein emsiges Bienchen. Sollten Sie nicht schon längst zu Hause sein?«

»Ach«, sagt sie, »die Frau Pichel hat doch wieder solche Probleme mit ihrem Cholesterinspiegel, da hat sie mich gebeten, ausnahmsweise noch ein Angebot für sie fertigzumachen.«

»Und, was haben Sie geantwortet?«, frage ich, obwohl ich die Antwort schon kenne.

»Sie sehen ja, Herr Schmitt, ich wollte nicht Nein sagen. Frau Pichel hat mir sehr anschaulich beschrieben, wie gefährlich ein zu hoher Cholesterinspiegel sein kann, und außerdem hat ihre Katze einen schlimmen Schnupfen.«

»Aber hatten Sie sich nicht auch noch bereit erklärt, bis morgen das Geburtstagsgeschenk für Frau Clausen zu beschaffen?«

»Ja, das hätten wir ja alle beinahe vergessen! Das wäre ja morgen was geworden. Die Arme. Die rutscht uns doch immer durch, denken Sie doch nur an den Abend beim Italiener. Und da habe ich mir gedacht, ich werde später zu Hause einfach noch etwas Schönes für Frau Clausen basteln. Was Selbstgemachtes ist doch eh viel persönlicher. Ich dachte da an so einen Indianerwindfang, einen *Traumfänger*, mit schönen Federn dran. Da bin ich bis Mitternacht bestimmt fertig.«

»Schön«, sage ich, während ich abschweife und an den Film denke, den ich gerade brenne.

Sie lächelt und schaut mich aus ihren wie immer dunkel umrandeten Rehaugen an: »Nicht wahr? Da wird sie sich bestimmt sehr freuen.«

Von diesem Thema habe ich damit nun wirklich genug.

»Übrigens – das Angebot, dass ich Ihnen heute Mittag aufgetragen habe, ist sicher schon fertig, oder?«

»Herr Schmitt, es tut mir wirklich leid, aber wie soll ich das denn geschafft haben? Sehen Sie sich doch mal hier bei mir um!«

Dieser Aufforderung komme ich nach – und was ich erblicke, ist nicht schön: ein überqellender Haufen von Papieren, CD-ROMs, Aktenordnern, Schnellheftern, gelben Klebezetteln, Werbegeschenkkatalogen und Geschenkpapier, unter dem sich mit großer Wahrscheinlichkeit nach längerem, beharrlichen Graben ein Schreibtisch entdecken lassen würde.

Jetzt vergeht selbst mir der Humor: »Frau Alvarez, der Kunde rechnet morgen mit diesem Angebot. Ich habe es ihm persönlich versprochen. Und Sie sitzen hier und machen die Arbeit von anderen. So etwas können Sie machen, wenn Sie ihre eigenen Angelegenheiten alle erledigt haben!«

Da fängt sie auch schon an zu heulen, die einfältige Person.

»Was soll ich denn tun, auf mich wird immer alles abgewälzt, ich bin einfach zu gutmütig. Ich bin immer die Letzte, die hier sitzt, ich habe schon gar kein Privatleben mehr! Das kommt davon, wenn man es immer allen recht machen will! Ich kann einfach nicht Nein sagen ...«

Aus Angst davor, dass sie mir das Sakko vollflennt, nehme ich sie nicht in den Arm, aber mir immerhin ein halbes Herz, um sie zu trösten. Zum Glück für uns beide habe ich auch gleich eine vernünftige Lösung parat: »Aber Frau Alvarez, das ist doch kein Drama. Dann kommen Sie eben morgen einfach eine Stunde früher«, sage ich in mitfühlend klingendem Tonfall.

Nach Feierabend, auf dem Weg nach Hause, überlege ich mir

einen Weg, wie ich das Problem Alvarez »nachhaltig«, wie man so schön sagt, lösen kann. Natürlich könnte ich es mir leicht machen und Plech einfach vorschlagen, ihre anstehende Vertragsverlängerung negativ zu bescheiden. Aber menschenfreundlich, wie ich bin, und an die Lernfähigkeit der Menschen glaubend, habe ich eine noch viel bessere Idee. Ich werde sie »side-coachen«, von dieser Methode habe ich kürzlich in einem Managementratgeber gelesen. Tolle Sache! Kennen Sie das? Wenn nicht, auch egal. Dann lernen Sie jetzt eben gleich die verbesserte Variante kennen:

Das »Michael-Schmitt-Side-Coaching«. In 48 Stunden zu einem besseren Menschen. Mit voller Geld-zurück-Garantie!

Meine Methode funktioniert folgendermaßen – bitte gut aufpassen und am besten langsam lesen. Ich gebe zu, es ist ein wenig kompliziert, aber so ist das eben manchmal mit genialen Erfindungen.

Also: Ich setze mich zu Monika, deren Schreibtisch, wie Sie schon wissen, direkt neben dem von Frau Alvarez steht.

Kommt nun ein Kollege zu Frau Alvarez, um wieder Arbeit auf sie abzuwälzen, rede ich mit Monika so laut, dass Frau Alvarez mich gut hören kann. In dem fiktiven Gespräch mit Monika gebe ich stellvertretend die Antworten für Frau Alvarez. Sie selbst nimmt meine Worte als Anleitung, wie sie sich zu verhalten hat. So wahrt sie ihr Gesicht, im Gegensatz zu der Variante, dass ich direkt neben ihr säße und für ihren Gesprächspartner merklich das, was sie sagen soll, vorsagen würde. Doch gar nicht so kompliziert, oder? Ich bin ein Genie!

Am nächsten Morgen, gleich zu Dienstbeginn, weihe ich also Monika und Frau Alvarez in meinen Plan ein. Nachdem beide das Prinzip endlich verstanden haben, weiß vor allem Letztere ihre Begeisterung gekonnt vor mir zu verbergen.

Und schon geht es los. Alle sitzen in Position, da kommt Werner Saibling des Wegs. Sie erinnern sich? Der Kollegentypus *Hochgeher*. Wenn sie mit *dem* fertig wird, dann wird sie mit allen fertig!

»Grüß Sie, Frau Alvarez. Erst mal: Klasse, was Sie da für die Frau Clausen gebastelt haben, sehr schön. Sie sind ja wirklich immer für Ihre Kollegen da, eine echte Stütze für das Unternehmen.«

»Danke, Herr Saibling, nicht der Rede wert, das mache ich doch gerne. Wenn so was nicht drin wäre, wo kämen wir denn da hin? Und, was kann ich denn für Sie tun?«

Ich verdrehe die Augen.

Saibling: »Tja, also. Das ist mir jetzt fast ein wenig unangenehm …«

Alvarez: »Nur heraus damit!«

Saibling: »Meine Sekretärin, die Frau Golembiewski, hat sich gerade telefonisch bei mir krank gemeldet. Ich brauche aber heute um zwölf jemanden, der eine Konferenz für mich protokolliert, und da springen Sie doch für gewöhnlich gerne ein!?«

Während Frau Alvarez noch Luft holt, sage ich schon betont laut in Richtung Monika: »Nein, da können wir dem Kunden aber diesmal auf keinen Fall nachgeben. Schon aus Prinzip!«

Svetlana Alvarez scheint verstanden zu haben. Sie sagt: »Herr Saibling, das tut mir leid, aber aus Prinzip …«

Da muss ich sie schon unterbrechen: »Monika, da müssen Sie dem Kunden auch nicht sagen, dass es Ihnen leid tut!«

Darauf wieder Frau Alvarez: »Herr Saibling, es tut mir *nicht* leid, aber …«

Saibling: »Wie bitte?«

Alvarez: »Ich kann heute nicht für Sie Protokoll führen.«

Ich: »Sehr gut, Monika!« Die hat natürlich gar nichts gesagt, errötet aber zunehmend.

Saibling stutzt zunächst und fragt dann: »Wieso? Haben Sie keine Zeit?«

Alvarez: »Nein, äh … aus Prinzip!«

Saibling: »Wie, aus Prinzip? Um aus Prinzip meine Arbeit zu boykottieren, oder wie?« Er klingt schon einigermaßen gereizt.

Ich, Richtung Monika, schön laut und langsam für Frau Alvarez: »Das muss der Kunde dann auch gar nicht persönlich nehmen!«

Monika weiß schon gar nicht mehr, wo sie hinschauen soll.

Frau Alvarez hat es leider nur *zur Hälfte* verstanden: »Herr Saibling, das muss er jetzt auch nicht persönlich nehmen.«

Saibling: »Wer ist *er*?«

Frau Alvarez: »Na, der Kunde! Äh ... also Sie, Herr Saibling!«

Ich leise zu Monika: »Das kapiert die nie.«

Frau Alverez hat es leider gehört und gibt es eins zu eins weiter: »Das kapieren Sie nie ...«

Bevor ich die Situation noch retten kann, geht Saibling auch schon hoch. Mist, direkt eine Tretmine erwischt: »Sagen Sie mal, stimmt mit Ihnen irgendetwas nicht? Ihnen ist schon bewusst, dass ich Ihr Vorgesetzter bin, oder?«

Da fasst sie plötzlich Mut: »Also, mein Vorgesetzter sind Sie eigentlich nicht. Das ist der Herr Schmitt.«

Aufmunternd lächelnd nicke ich ihr zu. Saibling ist nun vollkommen verwirrt, schaut kurz zu mir rüber, ich tue wieder so, als wäre ich ins Gespräch mit Monika vertieft.

Saibling wendet sich der Alvarez zu und platzt heraus: »JA, BIN ICH DENN HIER IM IRRENHAUS? UM EX-AKT ZWÖLF UHR STEHEN SIE MIT BLOCK UND STIFT BEI MIR IM BÜRO, UND DAMIT BASTA!«

Mit bereits tränenerstickter Stimme bringt die Alvarez nur noch kleinlaut heraus: »Herr Kunde, äh ... Herr Saibling, kommen Sie doch bitte noch mal zurück ...« Aber der ist schon weg. Nun plärrt sie richtig los.

Sie hat versagt, absolut. Schade, dass ich es ihr nicht geradeheraus in dieser Deutlichkeit sagen kann. Sie heult ja sowieso schon! Aber selbst schuld! Enttäuscht lasse ich sie und Monika, von deren Einsatz ich auch nicht gerade begeistert bin, sitzen und gehe.

Da ertüftelt man extra solche ausgeklügelten Coaching-Methoden, und was machen die daraus? Nichts! Wäre ich doch bloß meinem Grundsatz treu geblieben, die Menschen so zu lassen, wie sie sind. Das habe ich nun davon.

An diesem Abend denke ich auf dem Heimweg schon wieder an Svetlana Alvarez. Diesmal frage ich mich, warum ich ohne schlechtes Gewissen so hart zu ihr sein konnte. Es liegt wohl daran, dass ich weiß: Sie ist durchaus nicht nur Opfer. Ihre vermeintliche Nettigkeit ist nur eine Seite der Medaille. Vor einigen Wochen hatten wir eine Ferienpraktikantin, und – o Wunder – Frau Alvarez hat als Einzige nicht Nein gesagt, als Frau Hinkel herumfragte, wer sich um das Kind kümmern könnte. Klingt erst mal nett, oder? Aber, wie das mit den Netten so ist, oft haben sie noch ein zweites Gesicht. Anna-Lena, die Ferienpraktikantin, war eine selbstbewusste Göre, die im Gegensatz zu Frau Alvarez durchaus in der Lage war, Nein zu sagen – zu deren größtem Unmut. Und so kam es vor, dass auf eine rhetorisch gemeinte Frage wie »Anna-Lena, kannst du mal das Angebot kopieren?« die Antwort kam: »Nein, dazu habe ich jetzt keine Zeit.« Frau Alvarez versetzte dies regelrecht in Schockstarre. Sie konnte sich einfach nicht vorstellen, dass eine Person, die in der Hierarchie so eindeutig unter ihr stand, einen Auftrag ablehnte – aus welchem Grund auch immer. Zufällig stand ich gerade in der Kaffeeküche, und so durfte ich miterleben, wie Anna-Lena zurechtgestutzt wurde. »Nun hör mal gut zu, Kindchen, ich glaube, eins musst du ganz schnell lernen: In einer Firma wie unserer gibt es so etwas wie Regeln. Und wenn dir ein Vorgesetzter sagt, was zu machen ist, dann machst du das besser. Ansonsten bist du ganz schnell unten durch. Hast du das verstanden?«

Anna-Lena: »Ich bin aber gerade dabei, die Post zu sortieren.«

Alvarez: »Das hast du dann eben zu unterbrechen.«

Anna-Lena: »Aber es dauert doch viel länger, wenn man immer wieder neu mit derselben Sache anfangen muss. Besser, man macht erst mal eins zu Ende. So haben wir das jedenfalls in der Schule gelernt.«

Frau Alvarez, jetzt schon in scharfem Tonfall: »Jetzt hör aber mal auf! Hier ist das Arbeitsleben, nicht die Schule, falls du das noch nicht gemerkt hast, Kindchen. Da hast du noch einiges zu lernen! Aber so einiges! Dein Vorgesetzter wird schon wissen, was wichtig ist und was nicht. Und wenn ich sage, jetzt ist es wichtig, das Angebot zu kopieren, dann kopierst du das Angebot, verstanden?«

Anna-Lena: »Erstens verstehe ich Sie ganz gut, zweitens bin ich nicht Ihr Kindchen.«

»Respekt, Anna-Lena!«, dachte ich, und hätte mich vor unter-
drücktem Lachen beinahe an meinem Kaffee verschluckt, »die Kleine
ist gut! Können wir die nicht behalten und stattdessen Frau Alvarez
noch mal zur Schule schicken?«

Für Anna-Lena selbst hatten ihre klaren Worte allerdings nicht so
witzige Folgen, wie ich danach am Rande mitbekam: Frau Alvarez
befand sich von nun an bis zum Ende des Praktikums ihr gegenüber
im »Eisschrank-Modus«. Sie erteilte nur noch knappe Anweisungen
in frostigem Tonfall, sodass Anna-Lena sicher die Tage zählte, bis sie
endlich wieder unter Menschen sein würde, die wenigstens aufgrund
ihres Alters ein Anrecht darauf haben, kindisch zu sein.

Ich, als Frau Alvarez' Vorgesetzter, kenne sie nur buckelnd, aber
als Ferienpraktikantin wird man von ihr getreten. Wie mies – das
schlechte, alte, deutsche Radfahrerprinzip der Fünfzigerjahre. Nach
oben buckeln, nach unten treten. Zum Glück bin ich nicht so!

Wer seinen Kollegen keine Gefälligkeit abschlagen kann, bei dem
scheinen Ratschläge von Kollegen nicht zu fruchten. Klingt paradox, ist
aber so. Vielleicht sind einfach keine Ressourcen mehr frei, schon gar
nicht für so etwas Tiefgreifendes wie eine durch Kritik ausgelöste We-
sensänderung. Wer mit dem Rücken am Abgrund steht, kann keinen
Schritt mehr zurückgehen. Deswegen bleibt für diesen Kollegentypus
nur der steinige, schmerzhafte Weg der Erkenntnis.

Erinnern Sie sich an Ihre Kindheit? Sie saßen auf dem Weg in den Urlaub mit Ihren beiden Geschwistern streitend und quengelnd auf dem
Rücksitz des Autos Ihrer Eltern. Sie waren schon stundenlang unterwegs, da sagte Ihr Vater mit erhobener Stimme Richtung Rückbank:
»Wenn ihr drei jetzt nicht sofort aufhört zu streiten, dann war's das mit
dem Urlaub. Dann drehen Mama und ich um und fahren zurück nach
Hause.« Spätestens wenn er abgebremst hatte und andeutete zu wenden, kamen wir Kinder zur Besinnung. Das dauerte aber nur zwanzig
Minuten, dann ging der Streit wieder von vorne los. Irgendwann durch-
schauten wir Kinder natürlich, dass unsere Eltern niemals zurückfahren
würden.

Übertragen wir dieses Beispiel nun auf meine Situation. Ich als Erziehungsberechtigter/Führungskraft, vorne im Wagen, auf dem Weg in den Urlaub. Im Fond sitzt Frau Alvarez und macht nicht das, was ich möchte – mein gefordertes Angebot für den Kunden fristgerecht abzuliefern, beispielsweise.

Jetzt ist die Frage, wie reagiere ich? Und es gibt nur eine Lösung: Bauen Sie ein Drohszenario auf. Aber eines, welches Sie bereit sind auch durchzusetzen! Drohen Sie ihr, sie an der nächsten Autobahnraststätte auszusetzen. Und wenn diese Drohung nicht fruchtet: Setzen Sie sie wirklich aus!

Verwenden Sie unter allen Umständen meine «Wenn-Dann-Praktik».

Höllenregel 10: Seien Sie verdammt noch mal konsequent!

Herr Macht

Es gibt Menschen, die handeln nur nach einer Maxime: ›Um zu‹. *Um* etwas *zu* erreichen, niemals um der Sache selbst willen. Also zum Beispiel freundlich sein, *um* daraus resultierende Vorteile *zu* genießen. Andere erniedrigen, *um* sich selbst *zu* erhöhen. Argumente anderer abbügeln, nicht um der Sache willen, sondern *um* den eigenen Status *zu* untermauern. Ich nenne diesen Typus *Herr Macht*.

In meiner Firma heißt er Steffen Holzt und ist der Chef unserer Marketing-Abteilung. Ich werde in nächster Zeit viel mit ihm zu tun haben, da wir gemeinsam eine Veranstaltung planen. »*Um* unsere Kunden nachhaltig emotional an uns *zu* binden«, wie er es vom Marketing ausdrücken würde – *um* sich bei unserem gemeinsamen Vorgesetzten, Herrn Plech beliebt *zu* machen, wie ich es sagen würde.

Die gemeinsame Aufgabe unserer Kooperation *in Anführungszeichen* ist es, ein angemessenes Programm für diese Veranstaltung zu erstellen, da wir beide die Kundenkontakte pflegen und somit die Kunden persönlich kennen.

Hierarchisch gesehen, stehen wir auf derselben Ebene, Holzt und ich. Wenigstens auf dem Papier! Nicht aber im Kopf von Steffen Holzt – dort stehen alle unter ihm.

Bei manchen, die seiner Karriere förderlich sein könnten, macht er sich allerdings die Mühe, sie diese Tatsache nicht spüren zu lassen.

Unglücklicherweise gehöre ich als offiziell Gleichrangiger aber nicht zu diesem Personenkreis. Das wird besonders deutlich, wenn Holzt und ich gemeinsam einem Vorgesetzten von uns beiden gegenübersitzen. Dann scheint es sofort eine unausgesprochene zweistufige Hackordnung zu geben. Er und Plech. Dann kommt lange nichts.

Und dann komme ich.

»Ich eröffne unser Meeting, ich hatte es ja auch einberufen«, startet Holzt unsere Besprechung – er sitzt am Kopfende des Tisches und schenkt sich Kaffee ein. Plech und ich, flankierend rechts und links, nicken zustimmend.

»Ich habe in 45 Minuten meinen nächsten Termin, aber ich denke, das sollte reichen«, fährt er fort, ohne unsere Antworten abzuwarten.

»Wie Sie wissen, bin ich für das Custumor-Relationship-Management der SERVICE-AG zuständig. Und ich plane als Kundenbindungsmaßnahme ein Social Network Live Event ...«

Plech guckt mich an.

Ich antworte. »Äh, also, äh ..., wir planen gerade gemeinsam die Maßnahme.«

Plech schaut zu Holzt.

»Ja, ja, natürlich, schon klar. Herr Schmitt ist auch dabei ...« Kurze Pause. »Irgendwie.«

Bevor ich reagieren kann, fährt er fort: »Kundenbindung war das Stichwort. Kunden bindet man durch emotionale Erlebnisse, kulturelle Highlights. Gemeinsames Lachen verbindet immer noch am meisten, darum habe ich mich für einen bekannten Kabarettisten aus der WDR-Sendung ›Mitternachtsspitzen‹ entschieden. Ich habe ihn angefragt und optiert.«

Plech guckt mich an.

Ich gucke zu Holzt: »Denken Sie da an politisches Kabarett, etwa Politsatire?«

»Genau.«, antwortet Holzt.

Ich gucke kurz zu Plech und spreche dann wieder zu Holzt.

»Zur Erinnerung: Die Gäste unserer geplanten Veranstaltung sind alle Inhaber kleiner Gebäudereinigungsfirmen. Viele von ihnen haben selbst lange geputzt, bevor sie den Schritt in die Selbstständigkeit gewagt haben. Da sind auch die einen oder anderen etwas schlichteren Gemüter dabei, von den paar Ex-Knackis mal ganz abgesehen.«

Holzt antwortet nicht mir, sondern spricht direkt Plech an: »Glauben Sie mir, als Leiter der Marketing-Abteilung mit jahrelanger Erfahrung kann ich sehr wohl selbst beurteilen, mit welchen Programmen wir unsere Kunden überfordern und mit welchen nicht. Herr Schmitt ist da vielleicht nicht auf dem Laufenden, aber es gibt durchaus Kabarettisten, die gesellschaftliche Themen aufgreifen und trotzdem auch von vielen verstanden werden.«

Kurzer abschätziger Blick zu mir, dann zurück zu Plech.

Plech guckt mich an.

»Äh, also, äh …, ich glaube schon, dass ich unsere Kunden am besten kenne. Schließlich habe ich ja den intensivsten und längsten Kontakt mit ihnen. Feine Kerle, aber nicht unbedingt die Typen fürs politische Kabarett.«

Plech nickt.

Holzt zeigt sich unbeeindruckt.

Er guckt Plech an.

»Herr Plech«, versucht Holzt sich beim Chef einzuschleimen, um nicht mir zustimmen zu müssen, »es ist doch gut, dass Sie als erfahrener Vorgesetzter da noch mal von außen draufschauen und Herrn Schmitt und mich unterstützen. Verlassen Sie sich einfach darauf, dass ich da schon etwas Schönes finden werde.«

Plech guckt zufrieden und fragt: »Wo soll das Ganze eigentlich stattfinden?«

Ich antworte ihm: »Bei uns im Haus wäre es doch am einfachsten.«

Holzt guckt mich lange an, schüttelt den Kopf und wendet sich dann zu Plech: »Herr Schmitt ist da wohl etwas naiv. Als ob wir in der Lage wären, eine Veranstaltung mit über hundert Gästen hier bei uns im Haus durchzuführen, ohne unser Daily Business über Gebühr zu belasten … Ich denke, Herr Schmitt ist im Eventbereich einfach nicht so erfahren wie ich und will an der falschen Stelle sparen.«

Die ganze Zeit schaut er nur zu Plech, selbst wenn er meinen Namen nennt. Tja, man muss wohl Prioritäten setzen.

Plech guckt mich an.

»Äh, also, äh …, das haben wir schon mal gemacht, bei unserer Weihnachtsfeier vor zwei Jahren, da waren Sie noch nicht hier, Herr Holzt. War doch super, oder, Herr Plech?«

»Ja, sehr schön«, sagt Plech und strahlt mich über das ganze Gesicht an. »Wie Sie mit unserer Frauenbeauftragten Biggi beim Karaoke im Duett gesungen haben! Der absolute Knüller! Didi Hallervorden und Helga Feddersen sind nichts dagegen! Ich sage nur: ›Biggi, die Wanne ist voll – Uh – uh – uh! Let's go hinein …‹«

»… and then sei mein!«, ergänze ich.

Plech guckt mich an und lächelt. Je mehr wir beiden uns amüsieren, desto mehr verdunkelt sich die Miene von Holzt. Ich bin mir sicher, solche Vertraulichkeiten unter Kollegen, sowohl die zwischen Biggi und mir als auch die zwischen Plech und mir, sind ihm absolut fremd und außerdem vollkommen unter seiner Würde.

Schließlich sagt er, die Genervtheit nur halbherzig unterdrückend: »Können wir weitermachen? Auch wenn es praktisch machbar ist, halte ich es für die falsche Botschaft an unsere Kunden, wenn wir als international agierendes Unternehmen uns in staubigen Lagerräumlichkeiten präsentieren. Ich denke da an etwas Exklusiveres, etwas Moderneres. Zum Beispiel das Neue Museum für moderne Kunst.« Er guckt Plech an. »Ich organisiere das, ich habe da schon das richtige Gespür und die nötige Erfahrung.«

Mir vergeht das Lachen.

Plech sagt: »Gut, dann suchen Sie mal was Feines, aber bitte immer auf die Kosten achten, ja? Außerdem achten Sie bitte bei der Wahl der Location darauf, dass keine falschen Botschaften rüberkommen. Da dürfen wir uns keinen Misserfolg erlauben. Bei so einer Kundenveranstaltung darf wirklich überhaupt nichts schief gehen!«

»Natürlich, Herr Plech. Ich bin mir sicher, ich finde eine passende Location für angemessenes Geld, die unsere SERVICE-AG in das richtige Licht rückt und für einen positiven Imagetransfer sorgt. Mit den passenden Show-Acts sorge ich dann für ein emotionales

Involvement der Kunden. Und seien Sie auch unbesorgt, Herr Plech«, sagt er gönnerhaft, »zum gegebenen Zeitpunkt werde ich Herrn Schmidt schon mitteilen, was er dazu beitragen kann.« Ich merke auf. Bin ich jetzt sein Befehlsempfänger? Er spricht weiter in Plechs Richtung: »Ohne Herrn Schmitts Eitelkeit kränken zu wollen, ich vom Marketing verstehe doch am meisten von solchen Events.«

Plech guckt mich an.

»Äh, also, äh …, ich bin mir nicht sicher, aber Sie, Herr Plech, haben sich doch bestimmt dabei was gedacht, als Sie Herrn Holzt und mich mit der Aufgabe betraut haben.«

Darauf Holzt unbeirrt: »Herr Plech. Aber Sie wissen doch, solche Doppelspitzen-Führungskonzepte führen meist nicht weit. Besser, einer hält das Ruder fest in der Hand. Ich informiere Herrn Schmitt schon rechtzeitig über den Stand der Dinge und gebe ihm von Zeit zu Zeit die Möglichkeit, sich einzubringen.«

Spätestens jetzt, lieber Leser, ist Ihnen klar, wie der Hase läuft. Holzt geht es ausschließlich darum, seinen Einflussbereich zu vergrößern und meinen zu verringern. Und wenn ich nicht aufpasse, ziehe ich in dieser territorialen Auseinandersetzung den Kürzeren.

Ich gucke zu Plech, Plech guckt zu Holzt, Holzt guckt zu mir.

Ich sage: »Äh, also, äh …, eine Frage habe ich noch: Wäre es nicht am einfachsten, wenn Herr Holzt und ich jeweils ein Konzept vorlegen würden, aus dem Sie das bessere auswählen können, Herr Plech?«

Holzt will intervenieren, da antwortet Plech: »Das scheint mir die vernünftigste Lösung zu sein.« Ich gucke Plech an, Plech guckt zu mir, Holzt guckt ins Leere.

»Äh, also, äh …, gehen Sie ruhig, ich räume die Kaffeetassen weg«, sage ich und weiß dabei schon genau, wie mein Konzept aussehen wird. Es wird in der Lagerhalle stattfinden, ohne Kabarettisten, und der Höhepunkt meiner Veranstaltung wird Karaoke!

Ich glaube, lieber Leser, sie haben mich, im Gegensatz zu Holzt, im Laufe unseres Gesprächs bereits durchschaut. Ich habe diesmal wieder meinen Rat für Sie bereits in die Geschichte integriert und selbst angewandt. Das, was unser Hausmeister Schmidtbauer unbewusst und im Kleinen macht, mache ich bewusst, ausgeklügelt und im Großen.

»Äh, also, äh …« war natürlich keine tatsächliche Unsicherheit, sondern Teil meines von mir entwickelten »Columbo-Modus«. Vielen Dank, Herr Schmidtbauer. Betrachten wir die Situation einmal aus der Vogelperspektive. Eine Situation, wie sie tagtäglich millionenfach in deutschen Bürogebäuden abläuft: zwei gleichgestellte Mitarbeiter in einem Gespräch mit einem Vorgesetzten. Sofort beginnt das klassische Hierarchiegemetzel. Beide sind ständig darum bemüht, ihr gleichgestelltes Gegenüber mit Missbilligung zu konfrontieren, sein Ego zu diskreditieren und seine Ideen zu massakrieren. Wenn sich die anwesende Führungskraft in dieser Statusschlacht auf einen neutralen Beobachtungsposten zurückzieht, dann ist für Ihre berufliche Existenz mein »Columbo-Modus« überlebenswichtig.
Der »Columbo-Modus« bietet zwei elementare Vorteile:
– Ihr Gegenüber unterschätzt Sie.
– Sein Hierarchiegehabe läuft ins Leere.

Im Gegensatz zu typischen *Schlagfertigkeits*ratgebern, die, wie das Wort schon andeutet, eine gewaltbereite Haltung zugrunde legt, zeichnet sich der »Columbo-Modus« durch intelligentes Understatement aus.

Paaren Sie Ihre hoffentlich guten Ideen mit Floskeln und Verhaltensweisen des vermeintlich Unterlegenen. Damit werden Sie von Ihrem Kontrahenten unterschätzt, sie beweisen sich als friedfertig und kooperativ und stellen gleichzeitig sein überholtes Platzhirschgehabe bloß.

Höllenregel 11: Äh, also, äh ... tiefstapeln, hoch gewinnen!

Dr. Know

Intelligenz ist gut, da wird mir jeder recht geben. Wenn sie aber einhergeht mit sozialem Analphabetismus, quasi das umgekehrte Extrem von *Mr. Facebook* darstellt, dann wird es bitter. *Mr. Facebook* weiß zwar nichts, kennt aber alle. Der folgende Kollegentypus, *Dr. Know*, weiß zwar alles, kennt aber niemanden oder genauer ausgedrückt: Niemand will ihn kennen.

Dipl. Ing. Doktor der Chemie und mit einem IQ von 165, kommunikativ aber auf dem Stand eines Vierjährigen stehengeblieben. Ähnlich wie ein Vierjähriger wirft er nämlich vierhundert Fragen pro Tag auf. Allerdings ist er selbst mit der Beantwortung seiner eigenen Fragen so beschäftigt, dass ihn fremde Fragen gar nicht erst erreichen.

Auf seinem Fachgebiet eine echte Granate, aber auch, man muss es sagen, ein kommunikatives Schwarzes Loch. Man gibt etwas hinein, zum Beispiel Anrufe, Mails, Faxe, SMS, Skype und Twitter-Nachrichten, Brieftauben, Morsezeichen, Telegramme, Depeschen oder Rauchzeichen … kurz formuliert: kommunikative Angebote aller Art, und – nichts kommt zurück.

Ich gebe zu, der Vergleich hinkt, denn Schwarze Löcher entstehen aus verglühten Sonnen. Soweit mir bekannt ist. Doch Dr. Manfred Rink, unser Produktentwickler, den ich als den Typus *Dr. Know* bezeichne, ist ganz sicher, was seine kommunikative Kompetenz anbelangt, keine Sonne, noch nicht einmal eine Leuchte. Selbst für eine Taschenlampe reicht es nicht.

Anders wäre mir das Desaster mit dem Power-Tower auch gar nicht zu erklären. Dieser wurde, wie Sie bereits wissen, aus Werner Saiblings These der immer enger werdenden Räume, faktisch gesehen, sicherlich folgerichtig abgeleitet. Leider jedoch der Alltagsrealität einer normalen Putzkraft nicht standhaltend.

Irgendwo muss es einen kommunikativen Infarkt zwischen dem *Hochgeher* und dem hochbegabten *Dr. Know* gegeben haben.

Ich kann mir sogar schon vorstellen wieso, doch sehen Sie selbst: Das Kommunikationselend geht ja schon los, wenn man notgedrungen, weil *Dr. Know* mal wieder eine Anfrage per Mail nicht beantwortet hat, mit dem Aufzug in die Kellerkatakomben der SERVICE-AG hinunterfahren muss.

Oder sagen wir besser: in »das Labor des *Dr. Know*«.

Meistens sitzt er kichernd vor einem Bildschirm, der zum Beispiel ein dreidimensionales Hartschalenmodell abbildet, und reibt sich die Hände, weil er die Halbwertszeit einer Plastik-Putzmittelschale von 400 Jahren drastisch reduziert hat auf: 380 Jahre – unsere Welt ist gerettet!

Er hebt seinen Kopf, bemerkt mich und scheint zu denken: »Ah – 60 Prozent Wasser, 16 Prozent Proteine, 10 Prozent Lipide, 14 Prozent anderes … gekleidet in einen dunklen Anzug mit Krawatte: Es muss ein Mensch sein.«

Wie immer, wenn er diese Spezies in seiner Nähe bemerkt, hört er schlagartig auf zu kichern und versetzt sich in das, was er für einen «Kommunikationsmodus» hält. Wie der aussieht, dazu gleich mehr.

Obwohl chemische Geräte nur aus nostalgischen Gründen im Raum sind und er alle Berechnungen am Computer durchführt, trägt er zu seiner farblich nicht bestimmbaren abgewetzten Cordhose, seinem grauen Oberhemd und seiner bunten Fliege einen weißen Chemikerkittel aus seiner Studentenzeit, die Hose und die Schuhe scheinen auch von damals zu stammen.

»Seien Sie gegrüßt«, sagt er dann leicht näselnd und in gestelzt antiquiertem Deutsch: »Was führt Sie in meine Gefilde?« Ohne die Antwort abzuwarten, verschwindet er hinter der ersten Laborreihe voller technischer Geräte.

»Guten Tag, Herr Dr. Rink. Die Pflicht natürlich, sonst käme ich nicht auf den Gedanken, Ihre Kreise und Sie zu stören und Ihre wertvolle Zeit in Anspruch zu nehmen. Es geht um die Trittleiter für den Power-Tower«, rufe ich ihm hinterher und versuche ihm zu folgen.

»O ja, spannend, spannend. Die Anti-Rutsch-Noppen an den Füßen, da sei mir ein Erfolg alsbald vergönnt. Wissen Sie, was ich mir ersonnen habe?«

»Was denn?«, frage ich höflich zwischen zwei Kühlschränken hindurch.

»In der Regel wird ja beim manuellen Reinigungsvorgang mit H_2O hantiert«, fährt er fort und versucht sich dabei vor mir hinter einem zwei Meter hohen, sehr lauten Computerterminal zu verstecken, »Das H_2O könnte dazu führen, dass unsere Trittleiter nebst geschätztem Benutzer bei unsachgemäßer Handhabung ins Rutschen gerät. Ich laboriere gerade an einem Kunststoff, der Wasser absorbiert, eine schwammartige Saugvorrichtung, die die Leiter fest am Boden arretiert.«

»Klasse«, kommentiere ich und folge ihm Richtung Abstellraum. Um zum Grund meines Besuchs zu kommen, frage ich: »Haben Sie schon die vor vier Wochen per Mail angeforderten technischen Daten der Power-Tower-Trittleiter für unseren neuen Vertriebskatalog zusammengestellt? Ich weiß, für Fotos ist es noch zu früh, aber schon mal Länge, Breite, Höhe, Gewicht …?«

»Der Kunststoff ist eigentlich fertig!«, ruft er aus dem Abstellraum.

»Fein! Das war zwar nicht meine Frage, aber – was heißt denn in diesem Fall ›eigentlich‹?«

»Na ja, die Leiterfüße halten schon fest am Boden.«

»Aber?«

»Um sie wieder lösen zu können, erfordert es eine Hubkraft von zirka neunzig Kilogramm. Das deucht mich recht viel«, sagt er mit einem Stapel alter Schachmagazine auf mich zukommend.

»*Deucht mich* auch! Heißt das, man kriegt die Leiter nicht wieder vom Boden gelöst?«

»Doch, doch! Drei erwachsene Personen sollten es mit vereinten Kräften schon hinbekommen«, nuschelt er an mir vorbeigehend.

»Hm. So viele Leute sind aber normalerweise nicht mit einem unserer Wagen unterwegs!«, schicke ich ihm hinterher.

»Ich weiß, ich weiß. Sie halten mich wohl für weltfremd, wie?«, ruft er mir triumphierend aus der Kaffeeküche zu.

Wie kommt er nur darauf, denke ich, lächle milde und frage noch einmal geduldig nach dem Stand der technischen Daten.

»Um Ihnen noch einmal den Grund meines Besuchs ins Gedächtnis zu rufen: Haben Sie schon die vor vier Wochen per Mail angeforderten technischen Daten der Power-Tower-Trittleiter für unseren neuen Vertriebskatalog?«

Unbeirrt, mit einer Tasse Kaffee und einer Schale Kekse in Händen, fährt er kauend fort: »Zumindest ist damit schon das Hauptbegehr des Herrn Plech erfüllt (Kauen) … Absolute Sicherheit. Verrutschen kann (Mammpf) … die Leiter jedenfalls nicht. Für das andere (Mammpf) … Problem habe ich auch schon eine Lösung im Hinterkopf. Ich (Würg) … arbeite an einer (Schluck) … Arretierung auf Saugbasis mit Unterdruck (Knack) … ähnlich einem Blutdruckmessgerät, das kann man dann mit einer (Keuch) … Schraube an einem Druckventil wieder lösen. Höchst erfreulich, nicht?«

Er guckt mich an, meine Chance! Ich ignoriere seine Frage und stelle meine eigene zum dritten Mal, nun schon mit etwas Nachdruck: »Was ist denn nun bei den technischen Daten der Stand??«

»Der Stand ist absolut gewährleistet!«

»Der Stand der Daten ist absolut gewährleistet?? Wie darf ich das denn verstehen?« Er guckt mich immer noch an. Diesmal mit festem Blick. Ich bekomme Angst.

»Nein, der Stand der Trittleiter! Sie müssen mir schon zuhören, Herr Schmitt! Mich dünkt, Kommunikation ist nicht gerade Ihre Stärke, wie?«

Er kichert linkisch und verschwindet Richtung Toilette.

Wir sind zumindest an dem Punkt einer Meinung, als die Kommunikation zwischen uns tatsächlich nicht funktioniert. Was nun? Kurz spiele ich den Gedanken durch, das Problem durch Monika lösen zu lassen. Sie hat diese natürliche Grundnaivität und Schlichtheit im Denken, die oft eine geradezu symbiotische Allianz mit solch reichen Geistesgrößen wie *Dr. Know* einzugehen scheint. Es hat schon mehrmals funktioniert, dass er Informationen, die wir benötigt haben, Monika zukommen ließ, offenbar in dem Wunsch, das arme Wesen dadurch in die »höheren Gefilde des Geistes zu führen«, wie er es wahrscheinlich ausdrücken würde. Ich hingegen, mit meiner überdurchschnittlichen Intelligenz, scheine ihn in seiner Verstiegenheit eher herauszufordern, was den sprachlichen Austausch zwischen uns vollkommen unmöglich macht, so wie im aktuellen Beispiel.

Ein letzter Versuch durch die die geschlossene Toilettentür hindurch:

Die Dummsteller-Variante. »Sehr geschätzter Herr Dr. Rink, KATALOG. Eckdaten. Ich brauche. Sie haben??«

Keine Antwort. Ich schöpfe Hoffnung. Vielleicht denkt er zumindest über meine Frage nach.

»Ah, das ist Ihr Anliegen! Die Eckdaten! Warum sagen Sie das nicht gleich?«

Ich entspanne mich und atme auf.

Dann fährt er durch die geschlossene Toilettentür fort: »Polypropylen, Herr Schmitt. Wird gebildet durch Polyaddition oder Polykondensation aus Monomeren oder Prepolymeren. Bestandteile sind, wie Sie nach all den Jahren bei der SERVICE-AG eigentlich wissen könnten, Kohlenstoff und Wasserstoff. Ist Ihnen damit nun gedient?«

Ich beiße mir auf die Hand. Nur ein heftiger körperlicher Schmerz kann meinen geistigen Schmerz überdecken. Bio-Unterricht, elfte Klasse: Schmerzrezeptoren reagieren immer auf den stärksten Reiz.

»Ja, alles klar«, sage ich vollkommen resigniert und setze in Gedanken fort: »Also doch Monika …«

Ich höre die Toilettenspülung. Dann sage ich: »Immer wieder hilfreich, mit einem Spezialisten wie mit Ihnen zu fachsimpeln.«

»Das Vergnügen ist ganz auf meiner Seite, lieber Schmitt, ohne Austausch wird man ja am Ende noch betriebsblind«, kichert er.

»Und das wollen wir ja nicht«, stimme ich zu.

So verabschieden wir uns durch die geschlossen Toilettentür.

Im Fahrstuhl, auf dem Weg zu meinem Büro, ertappe ich mich dabei, selbst hysterisch zu kichern und meinen Kopf gegen die metallene Fahrstuhltür zu schlagen. Muss die Verzweiflung sein. »Prepopylerenkondensation«. – O Mann!

Wie kann man in derselben Firma arbeiten und zugleich in so unterschiedlichen Planetensystemen unterwegs sein? Ohne den Typen *Dr. Know* gäbe es sicher viele, vielleicht die meisten nützlichen Erfindungen nicht, aber ist es nicht zutiefst traurig, wenn Menschen ihre Intelligenz dazu nutzen, sich innerlich immer weiter von ihren Mitmenschen zu entfernen? Oder dient manchen Menschen die Sprache einfach nicht zur Erhellung, sondern der Verschleierung? Ich habe Kopfweh!

Diesmal habe ich Ihnen als Ratschlag eine Geschichte mitgebracht: Ein Indianer steht am Highway und trampt. Ein Autofahrer hält und nimmt ihn mit. Nachdem sie einige Stunden auf dem Highway gefahren sind, bittet der Indianer um einen kurzen Stopp. Der Fahrer bremst, der Indianer steigt aus und wartet am Straßenrand. Der Fahrer fragt irritiert, was der Indianer da mache, dieser antwortet, er warte, bis seine Seele nachkomme.

Gehen wir einmal davon aus, dass *Dr. Know* den Kontakt zu seiner Seele verloren hat. Unruhig jagt er durch die Labore, und seine Seele kommt nicht hinterher. Aufgrund der Körper-Seelen-Trennung und der damit einhergehenden Rastlosigkeit fällt es normalen Menschen schwer, mit ihm in echten Kontakt und lebendigen Austausch zu kommen. Er arbeitet somit aktiv an seiner eigenen Isolation.

Wie begegnet man nun diesem seelenlosen Kollegentypus?

Spielen Sie mit mir diese Methode im Geiste einmal durch, bevor Sie sie in ihrer ganzen Radikalität in der Realität anwenden. Denn meine Vorgehensweise kostet Überwindung, auch körperliche Überwindung.

Überprüfen Sie erst, bevor Sie weiterlesen, ob Ihre Seele gerade bei Ihnen ist. Oder ob Sie zum Beispiel, obwohl Sie mein Buch lesen, gerade mit der Planung des nächsten Tages beschäftigt sind.

Sie müssen mit Ihrer eigenen Seele-Körper-Verbundenheit die selbige bei *Dr. Know* herstellen. Der Heilungsvorgang läuft wie folgt ab:

– Stellen Sie sicher, dass Ihre Verbundenheit hergestellt ist!
– Stellen Sie ihr Opfer!
– Treten Sie ihm vorsichtig, aber entschlossen entgegen!
– Zwingen Sie ihn mit einem energischen Appell, Ihnen in die Augen zu schauen. Kleiner Tipp meinerseits: Rufen Sie laut seinen Namen, gepaart mit einer kleinen irritierenden Absurdität im Stile von: »Rom brennt!«
– Nutzen Sie dieses Überraschungsmoment, um Ihr Gegenüber mit beiden Armen fest zu umschließen. (Ich habe nicht gesagt, dass es leicht wird!)
– Sprechen Sie nun folgenden oder ähnlichen Wortlaut:»Dr. Know, Sie rühren mich. Ich hatte schon lange das Bedürfnis, Sie einmal fest zu drücken, und verzeihen Sie – jetzt gebe ich diesem Bedürfnis nach.«
– Sprechen Sie, so lange Sie können, damit seine Seele ihn finden und sich wieder mit ihm vereinen kann. Sie ist möglicherweise im hintersten Winkel seines Labors mit einer neuen Weltformel beschäftigt.
– Auch wenn er sich wehrt, lassen Sie ihn auf keinen Fall los. (Nochmal: Ich habe nicht gesagt, dass es leicht wird!)

Irgendwann wird er völlig perplex. Er wird körperlich zur Ruhe kommen und damit auch seine Gedanken. Wenn nun sein Rhythmus mit dem Ihrigen synchronisiert ist, können Sie menschlichen Kontakt aufnehmen – jetzt erst ist es möglich.

Ich empfehle diese radikale Vorgehensweise, weil es – man muss es so deutlich sagen – keine andere gibt. Im Gegensatz zum Exorzisten, der den Teufel aus dem Körper treibt, treibe ich die Seele zurück in den Körper hinein. Ich bin (ohne in die Esoterikecke abdriften zu wollen, Gott bewahre!) ein ›Inanimist‹. Ich beherrsche die Kunst, Seelen zu fangen.

Höllenregel 12: Wer werden will, muss erden!

Peter Panic

Es ist Ende des Monats, und wie es dann oft so ist: Peter Vladic steht bei uns im Büro, um sich »mal umzuhören«, wie er sagt, ob denn »alles seinen Gang« gehe, »einfach nur mal so«, »man« wolle ja wissen, wie es der Firma so gehe, ob denn »Grund zur Sorge« bestehe? Keiner meiner Vertriebsmitarbeiter reagiert zunächst, da er niemanden persönlich anspricht, sondern leicht linkisch einfach in den Raum hinein. Außerdem kennen wir das alle schon.

Dann erbarmt sich Monika: »Machen Sie sich mal keine Sorgen, Herr Vladic, hier geht alles seinen Gang!« Sie spricht laut in meine Richtung, sodass ich sie durch die Scheibe hören kann: »Bei so einem Chef, was soll da schon schiefgehen!?« Soll wahrscheinlich ein Witz sein. Oder pure Schleimerei. Bei Monika bin ich mir da nicht sicher, letztendlich ist es mir aber auch egal.

Darauf Vladic: »Na ja, man will ja nur mal fragen. Man macht sich halt so seine Gedanken. Na, dann gehe ich mal wieder.«

Ich weiß, was jetzt kommt – in spätestens zehn Minuten, wenn er wieder in »seinem Reich, unserem Warenlager« angekommen ist, ruft er mich an.

Mein Telefon klingelt. Ohne auf das Display zu schauen, hebe ich ab und sage: »Hallo, Herr Vladic! Bei Ihnen auch alles bestens?«

»Jein.«

»Äh …?«

»Am besten, Sie kommen einfach mal runter zu mir ins Lager und schauen sich das Elend selber an.«

»Können wir das nicht telefonisch klären?«

»Leider nein. Manche Dinge bespricht man besser nicht am Telefon.«

»Gut, ich schicke Ihnen Monika runter, mit der können Sie persönlich sprechen, die nimmt alles auf, bespricht es gegebenenfalls mit mir und leitet dann alles in die Wege. Ja? Herr Vladic?«

»Nein, nein, Herr Schmitt. Das ist eine Sache von Führungskraft zu Führungskraft. Da muss man schon sicherstellen, dass man richtig verstanden wird.«

Ich gebe nach: »Meinetwegen. Heute Nachmittag, kurz vor Feierabend, habe ich noch ein Zeitfenster frei«, seufze ich.

Vladic zeigt sich zufrieden und verabschiedet sich.

Es ist halb fünf, ich komme ins Lager und schaue versonnen in den vierten Lagergang, wo die großen Fußmatten liegen – ach, Biggi …

Sofort sammle ich mich wieder und klopfe an die Tür mit dem Schild: »Peter Vladic, Leiter Warenlager und Kommissionierung«.

Als hätte er schon hinter der Tür auf mich gewartet, öffnet er sie abrupt und beginnt unvermittelt: »Gut, dass Sie da sind, kommen Sie gleich mal mit.« Zielstrebig geht er mit mir zur Kommissionierungstheke. Dabei wirkt er sich seiner Sache sicher. Ganz anders als oben bei uns im Büro, wo er sich allein schon durch seine Arbeitskleidung deplatziert zu fühlen scheint, ist er hier ganz Herrscher in »seinem Reich«. Er sagt: »Gucken Sie mal hier. Der Stapel mit den Aufträgen. Fällt Ihnen etwas auf?«

Ich antworte ehrlich: »Nein.«

»Es ist Mittwoch, sechzehn Uhr dreißig, und hier liegen nur sieben Aufträge.«

»*Nur* sieben Aufträge? Ist das nicht vollkommen normal?«

»Natürlich, das beunruhigt mich ja so. Ich habe das jetzt wieder vier Wochen lang beobachtet – an jedem Mittwoch um halb fünf liegen da sieben Aufträge. Im Schnitt, meine ich. Mal nur sechs, dann wieder acht, oder, so wie heute, sieben.«

»Hm.«

»Herr Schmitt, wir Manager wissen doch …«

»*Wir* Manager?«

»Also gut, wir zwei Führungskräfte. Kein Fortschritt bedeutet

Rückschritt. Das kann man doch in jedem Managementratgeber nachlesen! Man muss doch expandieren!«

Kurz stutze ich und denke: »Lesen jetzt auch schon die Lageristen Managementratgeber? Ist der Unternehmergeist also auch schon ganz unten in der Hierarchie angekommen, sieh an.« Dann frage ich: »Sonst?«

»Sonst ...«, er guckt mich mit großen Augen an und kommt näher: »Sonst kommen die Chinesen!«

»Wie bitte?«

»Die kaufen alles auf und zerschlagen es dann! Lesen Sie denn keine Zeitung? Ganze Stahlwerke lassen die auf ihre Schiffe laden und nehmen sie mit nach Hause ...!«

Ich denke: »... und schwängern unsere Frauen und essen unsere Hunde ... Ist klar!«

Vladic wettert weiter: »Wenn die erst mal kolonnenweise mit ihren Wanderarbeitern hier ankommen und unseren Gebäudereinigungsmarkt überschwemmen, dann können Sie aber die deutschen Mindestlöhne vergessen.«

»Herr Vladic, beruhigen Sie sich, die chinesische Mauer steht ja noch.«

»Was soll das denn heißen?«

»Na, noch ist ja nichts passiert. Noch ist China China und Deutschland Deutschland.«

Seine Stimme rutscht eine Oktave höher: »Aber, wo doch schon die Auftragslage stagniert, da ist doch eine feindliche Übernahme nur der nächste Schritt!«

»Die Auftragslage stagniert nicht, sie ist einfach nur stabil. Da sollten wir doch alle froh sein, oder?«

»Also, Entschuldigung, das muss man jetzt schon mal sagen dürfen: Alle könnten da zufrieden sein, aber nicht Sie vom Vertrieb!«

Spätestens jetzt fängt er an zu nerven. Ich sage: »Nun aber mal langsam, Herr Vladic. Sie meinen es sicher gut, und es ist auch schön, dass Sie sich über all das Gedanken machen, aber ...«

»Herr Schmitt, bitte nicht gleich abbügeln! Wie Sie wissen, habe ich zu Hause angebaut, am Haus meiner Mutter. Da macht man sich ja seine Gedanken. Ich habe jetzt enorme Fixkosten.«

Dann, unvermittelt: »Hey, ihr zwei! Geht's mal ein bisschen schneller? Wo kein Schnee liegt, darf gelaufen werden! Wenn alle so arbeiten wie ihr zwei Lebenskünstler, dann darf man sich nicht wundern, wenn es hier bald Kurzarbeit gibt. Zackzack! Jetzt mal einen Zahn zugelegt!« Ich gucke ihn ernst an und sage: »Herr Vladic, bitte!«

Worauf er ruft: »Ihr habt es gehört, bitte – zackzack.«

An dieser Stelle, auf die Gefahr hin, dass ich den Erzählfluss hemme, sollte ich kurz erwähnen, wer hier das Ziel seiner Attacke ist: Siegfried und Roy. In Wirklichkeit heißen sie Sigismund und Robert und sind zwei sympathische Spätaussiedler aus Siebenbürgen, aber da sie bei uns immer nur als Duo auftreten, immer gemeinsam als Team arbeiten und der eine blond und der andere schwarzhaarig ist, springen einen die Namen ja förmlich an. Statt Magie ist ihr Metier allerdings die Lageristik. Das Einzige, was sie wegzaubern, sind sie selbst, und zwar immer dann, wenn ihr Chef, Herr Vladic, mal wieder in seinen Panikmodus verfällt und versucht, alle damit anzustecken. Dann biegen sie hektisch geschäftig um das nächste Regal, um dort wieder vollkommen entschleunigt und entspannt ihrer normalen Arbeit nachzugehen und somit alles richtig zu machen.

Alle wissen das, außer Vladic. Der wendet sich nun wieder mir zu: »Hier unten ist auch schon der Schlendrian ausgebrochen. Als wenn außer mir hier schon alle aufgegeben hätten! Wahrscheinlich schauen die sich schon nach was Neuem um. Wenn man sie fragt, gibt es natürlich keiner zu. Aber ich sag immer: Der Fisch stinkt vom Kopf her. Und Sie als Leiter der Vertriebsabteilung sind da doch in der Verantwortung. Bei Ihnen müssen doch sämtliche Alarmglocken läuten, wenn hier regelmäßig nur sechs Aufträge liegen.«

»Sieben.«

»Noch! Noch sieben. Sie sind ja optimistisch. Wenn sich diese Ihre Leichtfertigkeit mal nicht irgendwann rächt!«

Puh, ich glaube, langsam darf ich mich angegriffen fühlen. Muss ich aber nicht. Ich versuche, die Attacke als Anregung umzudeuten: »Danke für Ihre wertvollen Hinweise, Herr Vladic. Es ist immer gut, wenn auch Druck von unten ausgeübt wird, das hält uns da oben alle rege. Eine mitdenkende Belegschaft ist Gold wert.«

Ich finde sehr leicht die Worte. Ich sage einfach das Gegenteil von dem, was ich meine. Von dieser Strategie habe ich in einem Ratgeber für Fondsmanager gelesen.

Vladic antwortet: »Ja, schon in Ordnung. Man tut ja nur seine Pflicht. Aber das ist ja nicht das Einzige, was mich nachdenklich macht.«

»Was denn noch?«, frage ich halbherzig.

»Heute Vormittag, auf dem Weg ins Vertriebsbüro, kamen mir Sybille Gründler, Sarah Hinkel, Ramona Pichel und Svetlana Alvarez entgegen – sie kamen alle zusammen aus dem Büro vom Herrn Plech, mit Gesichtern wie sieben Tage Regenwetter. Die Tür haben sie beim Rausgehen offen gelassen. Als ich hineingeschaut und Herrn Plech gegrüßt habe, hat der noch nicht mal richtig den Kopf gehoben, er saß, ganz in Gedanken versunken, an seinem Schreibtisch. Und das waren keine schönen Gedanken, das konnte man wohl sehen.«

»Und was folgern Sie jetzt daraus?«

»Das liegt doch auf der Hand: Da geht's um Stellenabbau, die Ersten kriegen es schon mitgeteilt!«

»Herr Vladic, nun hören Sie aber auf! Die vier Grazien werden sich über irgendeinen Kollegen beschwert haben, der sie mit Wattebäuschchen beworfen hat. Diese Mimosen!«

»Nein, nein, nein. So was spüre ich doch. Da liegt was in der Luft. Nichts Gutes! Ich sag Ihnen gleich: Wenn Sie Personal loswerden wollen, habe ich in meinem Bereich schon zwei Vorschläge!«

»Lassen Sie mich raten: Siegfried und Roy?«

»Ganz genau. Dass sind doch sowieso zwei schwule Nazis, unter uns gesagt.« Er unterstreicht seine Worte mit einer wegwerfenden Handbewegung.

»Herr Vladic, ich muss doch sehr bitten! Das sind zwei von allen wirklich gern gesehene Mitarbeiter. Ich wünschte, ich wäre so beliebt! Aber das geht als Führungskraft ja gar nicht, wie wir beide wissen. Hören Sie jetzt bitte mal auf mit Ihren Verschwörungstheorien.«

»Ja, vielleicht haben Sie da ja recht. Aber ich habe schon das Gefühl, der Vertrieb könnte mehr zur Sicherung unserer Arbeitsplätze beitragen. Haben Sie denn schon mal über neue Marketing-Methoden nachgedacht?«

»Zum Beispiel?«

»Man liest doch jetzt immer öfter von diesem, wie heißt das – ach ja: *Gorilla-Marketing.*«

Er meint bestimmt Guerilla-Marketing, ich habe keine Lust, ihn aufzuklären.

»Ja genau, *Gorilla-Marketing*, so heißt das. Kenne ich. Sollten wir mal drüber nachdenken«, sage ich, lächle und nicke jovial dazu.

»Oder da im Internet, wie heißt das, was die jungen Leute alle machen? *Zwittern!* Sollten wir das nicht auch ausprobieren?«

»Ja – *Zwittern!* Ich glaube, der Kollege Holzt ist da schon ganz eifrig dabei. Beim *Zwittern.*« Ich grinse immer breiter.

»Florales Marketing fehlt uns auch noch«, merke ich an.

Vladic klatscht in die Hände und sagt: »Herr Schmitt, ich merke, wir verstehen uns. Florales Marketing, genau.«

Nachdem ich mich noch mal für die tollen Anregungen bedankt und versprochen habe, das Besprochene so bald als möglich ernsthaft in Betracht zu ziehen, gehen wir auseinander. Endlich Feierabend! Wie so oft, lasse ich auf dem Heimweg meinen Arbeitstag gedanklich Revue passieren. Ich stelle mir Siegfried und Roy vor, wie sie sich gemeinsam in SS-Uniform lasziv auf einem Leopardenfell räkeln – der Vladic hat sie doch nicht alle! Da kommt mir ein weniger witziger Gedanke in den Sinn: Was wollten unsere Betriebsmimosen denn nun wirklich bei Plech? Warum schlagen die zu viert bei ihm auf? Und danach sind alle schlecht gelaunt!? Um Entlassungen, wie der Vladic glaubt, kann es nicht gehen, davon wüsste ich. Worum geht es dann? Eine Befürchtung schleicht sich von hinten an mich heran: Haben sich die vier falschen Schlangen etwa über mich beschwert? Nur, weil ich zufällig mit allen vieren in der letzten Zeit, sagen wir: *Meinungsverschiedenheiten* hatte? Weil ihnen mein Charme zu spröde ist?

Halt! Stopp! Neue Zeile.

Ich halte inne. Das kann doch nicht wahr sein! Hat dieser Vladic, dieser alte Lagerneurotiker, mit seiner Panikmache mich doch beinahe angesteckt! Eine halbe Stunde mit dem reden und man hört das Gras wachsen!

Lieber Leser, wenn es in Ihrem Umfeld so eine Person wie *Peter Panic* gibt, lassen Sie sich unter gar keinen Umständen auf Diskussionen mit ihm ein. Geben Sie ihm in allem recht mit Sätzen wie: »O ja, schlimm!«, und: »Da haben Sie recht, da muss man höllisch aufpassen!« Danach – suchen Sie so schnell wie möglich das Weite!

Diese Menschen finden nicht eher Ruhe, bis sie alle um sich herum in Panik versetzt haben. Sie gewinnen ihre Sicherheit ausschließlich aus der Verunsicherung anderer Menschen.

Diesen Ratschlag hätte ich Ihnen noch vor einem halben Jahr gegeben, doch nach mehreren Monaten Erfahrung am lebenden Objekt Peter Valdic weiß ich, dass diese Methode allein nicht genügt.

Europa steht am Abgrund. Wir werden die Schuldenkrise niemals in den Griff bekommen. Die Mittelschicht bricht weg. Sie verlieren Ihre Arbeit, und Ihr soziales Umfeld erodiert. Marodierende Banden ziehen brandschatzend und plündernd durch die Straßen. Sie werden betteln müssen, um Ihre Familie und sich zu ernähren.

Spüren Sie, wie sich Ihre Stimmung verfinstert? Bekommen Sie schlechte Laune? Sehr gut, dann wirkt sie: meine Schocktherapie.

Jetzt die gute Nachricht: War nur Spaß. Im Ernst verbreiten solche Schreckensnachrichten nur Zeitungen, die ihre Auflage steigern wollen, Oppositionelle, die gewählt werden wollen, und Lobbyisten der privaten Sicherheitsdienste. Dennoch ist es natürlich sinnvoll, Ratgeber wie diesen zu lesen und sich damit weiterzubilden, sonst kann das mit dem Betteln schneller gehen, als Sie glauben. Aber Sie bilden sich ja fort, darum wird für Sie auch alles gut.

Höllenregel 13: Bei Personen wie *Peter Panic* erst das Schlimmste ausmalen, dann herunterschrauben: So wirkt jede weitere Nachricht wie eine Erleichterung!

Mr. Distance

Sie werden es nicht glauben, um wen es sich bei dem letzten Kollegentypus handelt, den ich nun beschreiben werde. Jemand, den Sie inzwischen schon einigermaßen gut kennengelernt haben. Ja, so viel Selbstkritik ist nur recht und billig: Auch ich könnte in den Augen mancher Kollegen ein Nein-Kollege sein. Und es wurde mir von ernst zu nehmender Seite zurückgespiegelt, dass mir das auch nicht egal sein darf. Wenn ich mir die Anregungen meiner Umgebung so anhöre, komme ich zu dem selbstkritischen Schluss: Ich bin auch ein Nein-Kollege, und zwar derjenige, den ich ganz wertfrei bezeichnen möchte als den Typus: *Mr. Distance.*

Es wäre mir wohl nicht so bewusst geworden, wenn mich nicht Herr Plech in einem Gespräch mit der Nase darauf gestoßen hätte, was ihm manche Kolleginnen, die er namentlich nicht nennen mochte, über mich zugetragen haben. Doch lassen Sie mich Ihnen dieses Gespräch genauer schildern, bevor ich erläutere, wie ich zu der Typenbezeichnung *Mr. Distance* gelange.

Alles begann damit, dass Plech mich anrief und, untypisch für ihn, ganz eigenartig herumdruckste:

»Lieber Herr Schmitt, äh, also, äh … Ich glaube, es wäre gut, wenn wir uns mal wieder … *persönlich* … treffen würden. Also, so … *Face-to-Face.*«

»Warum?«

»Tja, also …, äh …, es gab da von einigen Kollegen, wie soll ich sagen, *Anregungen,* nicht dass wir uns falsch verstehen, keine Beschwerden …, also Beschwerden in *dem* Sinne … über Sie. Nennen wir es: Wünsche.«

»Wünsche?! Geht's noch?! Ist denn bei den Kollegen schon Weihnachten?! Oder ist das Ganze hier ein Wunschkonzert?«, denke ich, gebe mich aber nach außen ganz ergebnisoffen.

»Das klingt ja spannend! Für Anregungen und Vorschläge von Kollegen ist man ja immer offen, nicht wahr, Herr Plech?!«

»Ich möchte wirklich nicht, dass Sie mich da missverstehen, aber …«, hebt er an, gleich jedem Misserfolg von vornherein weit aus dem Weg gehen wollend, ganz wie es seinem Wesen entspricht, »… aber … es gab doch einige Kollegen, die sich hier bei mir im Büro über Ihr Kommunikationsverhalten *recht irritiert* zeigten.«

»Kommunikationsverhalten? *Recht irritiert zeigten?* Verstehe ich nicht. Können Sie mir das bitte mal genauer erklären?«

»Genau das möchte ich doch, mein lieber Schmitt, aber lieber nicht am Telefon. Kommen Sie bitte, sobald es Ihnen möglich ist, einmal zu mir.«

Dreißig Sekunden später stehe ich vor ihm.

»Hui, das ging aber schnell.«

»Je schneller daran, desto schneller davon. Nicht wahr, Herr Plech?«

»Ja. Nehmen Sie doch Platz. Ein Wasser?«

Ich merke, wie er versucht, Zeit zu gewinnen. Bitte, soll er haben.

»Sehr gern.«

Während er mir aus einer Karaffe Wasser einschenkt, beginnt er mühsam, zur Sache zu kommen.

»Herr Schmitt, einige Kollegen, oder vielleicht sollte ich besser sagen, KollegINNen, kamen zu mir, um mir ihre Meinung kundzutun, Sie, Herr Schmitt, wirkten doch das eine oder andere Mal herablassend, selbstgefällig und vielleicht sogar ein wenig, äh …, sexistisch.«

Ich denke: »Sexistisch? Ich? Und von den eigenen Kolleginnen angeschwärzt? SCHWEINE IM WELTALL! Ab mit denen in ein Ufo und weg damit! … Aber wer von meinen Kolleginnen könnte es überhaupt gewesen sein? Monika? Nee. Viel zu gutmütig. Die *Tarnkappe*? Auf gar keinen Fall. Dann würde man sie ja wahrnehmen. Die *korrekte Sybille*? Niemals. Es wäre ja alles andere als korrekt, sich über jemanden zu beschweren, nur weil er *nicht* mit ihr ins Bett gehen will. Obwohl, man weiß ja nie. Aber – na klar, ich hab's: die *Rücksichtforderin*, die miese Emanze! Hat sie sich also nicht nur bei Biggi, sondern auch noch bei Plech über mich beklagt! Dann war ihr Triumph damals wohl doch nicht so groß, wie ich berechnet hatte. Ich habe mich doch entschuldigt, was will sie denn noch von mir? Jetzt endlich fällt bei mir der Groschen: Die Geschichte vom Vladic! Die vier Mimosen! Ich werd bekloppt! Haben sie sich doch tatsächlich über mich beschwert?«

Ich bin etwas erleichtert, denn Plech scheint das ganze Thema mindestens so unangenehm zu sein wie mir. Notgedrungen spricht er weiter: »Nun möchte ich natürlich erst mal hören, was Sie dazu zu sagen haben, denn ich habe Sie *so* noch nicht kennengelernt. Wie kommen die Kolleginnen denn wohl auf so etwas?«

»Herr Plech, ich sage in solchen Fällen ja immer: Was A über B sagt, sagt manchmal mehr über A aus als über B.«

»Was meinen Sie denn damit?«

»Ich sage mal so: Sie wollen hier doch nicht amerikanische Verhältnisse, wo ein Mann verklagt wird, nur weil er einer Frau bei der Arbeit im Scherz den Arm um die Hüfte legt, oder wo ein einzelner Mann nicht alleine zu einer Frau in den Fahrtstuhl steigen kann, aus Angst, nachher wegen möglicher sexueller Belästigung angezeigt zu werden?«

»Es ging auch eher um Worte als um Taten.«

»Das ist ja noch schlimmer. Jetzt muss man schon jedes Wort auf die Goldwaage legen, oder was?«, gab ich, zugegebenermaßen etwas forsch zurück.

»Natürlich nicht, aber ich habe mir noch mal Ihre Unterlagen angeschaut und dabei festgestellt, dass Sie ja schon in vielen verschiedenen Unternehmen gearbeitet haben.«

»Genau deswegen haben Sie mich doch damals eingestellt, wegen meiner Erfahrung, oder?«

»Ja schon, nur, ein nicht so wohlmeinender Chef wie ich könnte daraus auch den Schluss ziehen, Sie würden gerne anecken und kämen nirgendwo auf Dauer mit den Kollegen zurecht.«

»Das sehe ich anders, ein häufiger Betriebswechsel würde da ja gar nichts bringen, man trifft ohnehin überall dieselben Typen von Kollegen.«

Kurze Pause.

Plech schaut mich forschend an. Dann fragt er: »Kann es sein, dass Sie dazu neigen, Ihre Kollegen in Schubladen zu stecken, und dass daraus die besagten Konflikte entstanden sind?«

Ich gebe zu, nun bin ich erst mal sprachlos. Kurz denke ich: »Ich habe doch bisher niemandem von meinem Buch erzählt, woher weiß er, dass ich die Menschen tatsächlich in Schubladen stecke, und zwar genau in die Schubladen, in die sie auch gehören?«

Plech nutzt die neuerliche Pause, und jetzt kommt es richtig dicke: »Aber, lieber Herr Schmitt, das trifft sich doch alles ganz gut. Der Führungsstab der SERVICE-AG plant ohnehin gerade eine Maßnahme, die unser Betriebsklima nachhaltig verbessern soll. Im Rahmen dieser Maßnahme möchte ich Ihnen die Gelegenheit geben zu beweisen, dass Sie eben nicht so sind, wie Ihre Kollegen meinen.«

Ich horche gespannt auf und ahne Übles. Zu Recht, wie sich nun zeigen soll.

»Wie Sie sicher schon gehört haben, planen wir die Erstellung eines ›Mitarbeiterleitbilds‹ für die SERVICE-AG.«

»Sie meinen, so eine Art Verhaltenskodex?«

»Ganz genau. Aber nicht einen, der von oben kommt, also nicht ›Top-down‹, sondern ›Bottom-up‹ entwickelt wird.«

»Und das heißt?«

»Einige ausgewählte Mitarbeiter aus den mittleren und unteren Hierarchieebenen inklusive mir selbst erarbeiten gemeinsam am übernächsten Wochenende in Österreich in aller Abgeschiedenheit einen für alle Mitarbeiter der SERVICE-AG verbindlichen Verhaltenskodex. Wenn Sie sich fragen, warum wir dazu extra nach Österreich fahren, statt das hier bei uns zu machen, nur so viel: Es soll dabei nicht ausschließlich um Arbeit gehen, es wird auch die eine oder andere Überraschung geben, die natürlich vorher niemandem verraten wird!«

Ich bin entsetzt. Abrupt ertönt in meinem Kopf eine schrille, ohrenbetäubende Alarmsirene und dazu, wie durch zahllose Lautsprecher verstärkt, die Durchsage:
»ACH
DU
MEINE
FRESSE!
…
Ein Wochenende in Österreich,
IN ALLER ABGESCHIEDENHEIT
…
MIT
MEINEN KOLLEGEN!!!
Bei meinem Glück wahrscheinlich sogar mit meinen Nein-Kollegen!«

Und genau so ist es auch. Ob Sie es glauben oder nicht, die Liste der Teilnehmer, die am Erstellen des Verhaltenskodexes mitarbeiten werden, war zu hundert Prozent identisch mit der Auflistung der Nein-Kollegen am Anfang dieses Buches! Würde ich mir das hier alles nur ausdenken, würden Sie jetzt zu Recht sagen: »Das ist aber unglaubwürdig! Ausgerechnet mit allen seinen ›Nein-Kollegen‹ wird er auf Dienstreise geschickt!?« Und ich wäre voll und ganz Ihrer Meinung! Mit so einer billigen Wendung ein Buch zu füllen, das ich selbst erdacht hätte, wäre absolut unter meinem und Ihrem Niveau. Aber was Sie in Händen halten, ist wirklich das traurige Zeugnis meines wahren Berufslebens! Und das Leben macht sich nun mal keinen Kopf über Glaubwürdigkeit, oder? Sogar Schmidtbauer, die hauptberufliche Nervensäge und nebenbei unser Hausmeister, ist mit an Bord! Wahrscheinlich, weil man ihm zu Unrecht eine gewisse Lebenserfahrung unterstellt, als hätte man nach sechzig Jahren als *Bored-Identität* am Ende den Durchblick bei irgendwas.
Plötzlich hatte der Horror einen Namen, das Grauen ein Gesicht. Österreich, ich komme, Jodeldidideldö.

Aber bei allem gebotenen Sarkasmus – abends auf dem Heimweg, als ich schon ein bisschen müde bin, kommt er dann doch noch, der gute alte Selbstzweifel – unser treuer Begleiter in guten wie in schlechten Zeiten, besonders aber in den schlechten.

Was meinten die Kolleginnen nur mit »herablassend« und »selbstgefällig«? Sexistisch, ja gut. Wenn man Eier in der Hose hat, kann man mit *dem* Vorwurf gut leben. Aber das andere? Eigentlich bin ich bis zum heutigen Tag davon ausgegangen, ich sei einigermaßen sozial, loyal und kollegial.

Ich fühle mich auf einmal zutiefst missverstanden. Ja, ich wahre eine Distanz, aber eine gesunde Distanz, wie ich finde, deshalb bezeichne ich mich selbst auch als den Kollegentypus *Mr. Distance*.

Ich werde nicht gleich plump vertraulich und auch nur in den seltensten Fällen zudringlich. Ich gebe zu, ich betrachte mitunter das Geschehen um mich herum wie von außen oder als stünde ich in einem Glaskasten und würde analytisch Zusammenhänge erkennen, die andere vielleicht nicht wahrnehmen, weil sie im Gegensatz zu mir von der Situation gefangen sind.

Es ist also eine klare Fehlinterpretation zu denken, die Distanz, die ich wahre, käme von oben herab. Ich bin eben eher der Adler und nicht die Ente, Sie kennen doch sicher dieses Buch. Diese Haltung wird von mir als Führungskraft aber auch ein Stück weit verlangt!

Lieber Leser, Sie sind doch inzwischen längst mein Zeuge, mein Leumund. Wie oft habe ich in der Vergangenheit Kollegen, die andere schon längst verurteilt hätten, mit Respekt und Anstand abgekanzelt … äh, ich meine, akzeptiert!? Ich muss sagen, ich bin enttäuscht, richtig menschlich enttäuscht. Es liegt doch immer im Auge des Betrachters, ob jemand arrogant und hochnäsig ist oder einfach über ein gesundes Selbstbewusstsein verfügt, so wie ich. Wie soll Karl Lagerfeld einmal gesagt haben: »Selbstbewusstsein sieht nur von unten aus wie Arroganz.«

Gut, wenn die Kollegen immer wüssten, was ich denke, so wie Sie, könnte ich die Kritik ein Stück weit verstehen, aber so diplomatisch, sach-, team- und prozessorientiert wie ich mich grundsätzlich ausdrücke und verhalte, geht mir jedes Verständnis ab für diese billige Kollegenschelte.

Und dann noch über Plech gehen – wie feige … Na wartet, euch werd ich's zeigen im schönen Österreich, in aller Abgeschiedenheit. Kurz muss ich an Stephen Kings »Shining« denken. Ich muss noch eine Axt kaufen.

Apropos Filme: Als Kind wurde ich in den Ferien immer zu meiner Oma gebracht, mütterlicherseits. Geschwister habe ich ja keine, und so hatten meine Eltern mal ein paar Wochen lang ihre Ruhe, das kann ich im Nachhinein ganz gut verstehen. Abends habe ich mit Omi immer ferngesehen, am liebsten schaute sie Heimatfilme – ihr zuliebe habe ich mitgeschaut, musste dabei aber schon damals einen tiefen permanenten Zweifel unterdrücken. Der Grund: Ich ahnte schon als Heranwachsender, dass es absolut unrealistisch, ja geradezu gegen jede Natur ist, wenn es »die Guten« und »die Bösen« gibt und obendrein »die Guten« am Ende auch noch gewinnen! Das kommt im wirklichen Leben nicht vor, das gibt es nur im Heimatfilm. Etwas anderes zu glauben, ist einfach nur schrecklich naiv, meine liebe Oma in allen Ehren.

Wenn sie schlafen gegangen war, habe ich heimlich meistens noch bis tief in die Nacht weiter ferngesehen, dann aber die Filme, die *ich* gerne mochte – am liebsten Spaghetti-Western. Ich finde bis heute: Die sind zumindest insofern ein überzeugendes Abbild der Realität, als dass es keine »Guten« gibt. Und wenn ausnahmsweise doch mal ein »Guter« auftaucht, überlebt er nicht lange, sondern wird heimtückisch zur Strecke gebracht, meist vom »Bösesten« der »Bösen«, oft sehr überzeugend dargestellt von Klaus Kinski. Ich muss noch einen Revolver kaufen.

Warum ich gerade jetzt an all das denke? Meine »lieben« Kollegen, vor allem die, die die Frechheit besaßen, sich über mich – Ausrufezeichen – zu beschweren, sollten einfach mal begreifen: Das Leben ist kein Heimatfilm, das Leben ist ein Spaghetti-Western. Erst recht im Kapitalismus!

Aber trotz der tiefen Überzeugung, dass ich ganz und gar im Recht bin, bleibt meine Laune, wo sie ist. Nämlich im Keller.

Da klingelt mein Smartphone. Ich spüre einen Widerwillen ranzugehen – für heute gab es genug schlechte Nachrichten. Ich schaue auf das Display: 0049 40 18 29 73 48. Kenne ich nicht. Also gut.

»Schmitt, SERVICE-AG, Putzmittelwagenvertrieb Deutschland.«

»Helmut von Wagenstolz, von der Firma ELITEFINDER, entschuldigen Sie bitte, dass ich Sie so spät anrufe, aber Sie werden sicher gleich verstehen, warum ich Sie nicht während der Arbeitszeit anrufen kann. Sagt Ihnen der Name ELITEFINDER etwas?«

»Nein, sollte er?«

»Ich denke schon. Wir bringen Menschen zusammen. Menschen, die es verdienen, zusammengebracht zu werden.«

Ich erschrecke kurz – was habe ich letzte Nacht wieder angeklickt? –, lasse mir aber nichts anmerken.

»Ach. Und was hat das mit mir zu tun?«

»Man ist auf Sie aufmerksam geworden.«

»Wer ist ›man‹? – CIA, FBI, KGB oder vielleicht russische Heiratsvermittler?«, schießt es mir durch den Kopf.

»Die Firma Stockhausen Facility Management.«

»Die Konkurrenz der SERVICE-AG?«

»Ihr erfolgreichster Mitbewerber.«

»Wenn Sie so wollen.«

»Genauer gesagt, wir von ELITEFINDER sind auf Sie aufmerksam geworden und würden Sie jetzt gerne mit der Firma Stockhausen in Kontakt bringen. Wir haben recherchiert, Informationen über Sie eingeholt, der Firma Stockhausen vorgelegt, und sie sind jetzt sehr daran interessiert, Sie einmal persönlich kennenzulernen.«

»Zu welchem Zweck?«

»Vielleicht finden Sie, Herr Schmitt, ja in diesem Gespräch heraus, dass dort neue Herausforderungen auf Sie warten. Und das zu deutlich besseren Konditionen.«

»Woher sollten Sie wissen, dass die Gehälter der Firma Stockhausen deutlich besser sind als meine jetzigen?«

»Herr Schmitt, die SERVICE-AG ist am Markt sicherlich für einiges bekannt, aber nicht für ihre hohen Gehälter.«

»Treffer«, denke ich. »Und warum sollte die Firma Stockhausen daran interessiert sein, mich in ihren Reihen zu wissen?«

»Ihre vertrieblichen und strategischen Fähigkeiten haben sich in der Branche herumgesprochen.«

Doppeltreffer. Meine Fähigkeiten haben sich also herumgesprochen. Nur nicht in meiner eigenen Firma. Da bewahrheitet sich wieder die alte Weisheit: »Der Prophet gilt nichts im eigenen Lande.«

»Freut mich zu hören«, sage ich jetzt abgebrüht, »und was erzählt man sich sonst noch über mich?«

»Na ja, Ihre sozio-emotionale Kompetenz scheint noch etwas ausbaufähig zu sein, wie meine Informanten mir berichtet haben.« Jetzt aber mal langsam, Freundchen …!

»Aber da Ihre Zahlen stimmen, scheint die Firma Stockhausen darüber großzügig hinwegzusehen. Darf ich ganz offen zu Ihnen sein, Herr Schmitt?«

»Waren Sie das vorher etwa nicht?«

»Doch, natürlich. Allerdings habe ich fast das Gefühl, Sie zeigen sich im Moment etwas sperrig, um mir meine Arbeit zu erschweren?«

»Unter gar keinen Umständen, fahren Sie fort!«

»Also, Herr Schmitt, so wie ich den Personalchef von Stockhausen verstanden habe, scheint das obligatorische Vorstellungsgespräch für den Posten des neuen deutschlandweiten Vertriebschefs reine Formsache zu sein, wenn Sie den Posten wollen und Ihre Gehaltsforderungen nicht allzu utopisch ausfallen. Also, melden Sie sich innerhalb der nächsten drei Tage bei Herrn Stockhausen persönlich. Er erwartet Ihren Anruf.«

Treffer versenkt!

Jetzt aber bitte mal ehrlich, nach so einem Anruf darf es einem doch für einen begrenzten Zeitraum erlaubt sein, ein klein wenig euphorisch zu sein. Ich gebe zu, ich bin stolz auf mich. Darf man das nicht? Vor allem: nach *so einem* Tag?! Ich bin ein Retter der Leistungsgesellschaft, und endlich hat es jemand erkannt.

Ein Headhunter einer global operierenden Agentur ist auf mich aufmerksam geworden und versucht mich nun für einen unserer größten Konkurrenten abzuwerben. Hallo! Das ist doch was!

Für einen Moment erwäge ich, gleich morgen früh zu jedem einzelnen meiner Nein-Kollegen zu gehen und ihm direkt in die blöde Visage zu sagen: »So, du Arschnase, das war's. Ich bin raus. Mach ohne mich weiter. Arbeite ruhig weiter als Sand im Getriebe der Leistungsgesellschaft. Ich arbeite ab morgen für eines der größten Facility-Management-Unternehmen in Deutschland. Ach was, für das größte in der ganzen DACH-Region. Ab morgen brauche ich dein dummes Gesicht und deine permanente Blockadehaltung nicht mehr zu ertragen. Mach's gut und hoffentlich auf Nimmerwiedersehen.«

Aber wie das so ist mit der Vernunft und mit den eigenen kleinbürgerlichen Wurzeln, dazu kommt es natürlich nicht. Denn sofort sind sie wieder da, die mir wohlvertrauten Glaubenssätze wie: »Jetzt warte erst mal ab! Den Ball flach halten! Wer weiß, ob sich da nicht nur einer wichtigmachen will? Was, wenn die Sache dann doch nicht klappt? Dann steht man aber schön blöd da. Gemach, gemach! Schön ruhig bleiben! Wer weiß, was am Ende dabei herauskommt. Was macht eigentlich mein Bausparvertrag?«

Na ja, Sie kennen diese Stimmen wahrscheinlich. Sonst hätten Sie mein Buch nicht gekauft.

Eines steht fest: In drei Tagen rufe ich bei Stockhausen persönlich an und mache einen Termin! Früher nicht, erst mal zappeln lassen.

Das hebt den Preis.

Drei Tage später: In vier Tagen soll ich mich vorstellen.

Das sind Profis. Jetzt lassen sie *mich* zappeln. Nicht mit mir. Mein Preis bleibt gleich.

Endlich ist es so weit. Der Tag des wahrscheinlichen Triumphs naht.

Es ist Erntezeit.

»Guten Tag, Herr Schmitt! Fein, dass Sie extra für uns früher Feierabend gemacht haben!« Mit festem Händedruck strahlt Stockhausen mich an.

»Aber das ist doch selbstverständlich! Wenn Stockhausen ruft, kann man ja nicht gleich Nein sagen! Da will man doch zumindest erst mal schauen, wem man absagt!«

Mein erster Witz zündet, Stockhausen lacht. Dann sagt er: »Ich hoffe, Herr von Wagenstolz hat mein Anliegen korrekt kommuniziert.«

»Am einfachsten wäre es für uns beide, wenn Sie es noch einmal in Ihren Worten sagen würden, was Sie von mir erwarten«, erwidere ich.

»Erst mal wollte ich Sie kennenlernen. Ich halte es wie mein Vater: Der erste Eindruck ist der entscheidende.«

»Und?«, gucke ich ihn fragend an und drehe mich mit ausgebreiteten Armen wie eine Auslage in einer Schaufensterscheibe.

Stockhausen lacht wieder: Zwei zu null, das läuft. Olé, olé …

»Als ob ich Ihnen das jetzt gleich unter die Nase reiben würde. Noch bevor wir überhaupt über Geld geredet haben.« Jetzt lache ich.

Das ließ sich ja gut an – und es wurde noch viel besser. Kurz gesagt, wir fanden uns sympathisch, und nach einer guten Stunde verließ ich Stockhausens Büro mit einem ansehnlichen Angebot in der Tasche und einer Bedenkzeit von zwei Wochen. Würde ich mich für sein Unternehmen entscheiden, könnte ich nach Ablauf meiner Kündigungsfrist bei der SERVICE-AG als Leiter der Vertriebsabteilung Deutschland bei Stockhausen anfangen. Also: In insgesamt sechs Wochen könnte für mich ein neues Leben beginnen, mit deutlich höherem Gehalt, mehr Verantwortung und nicht zuletzt: fernab der vier Desperate Office-Wives und meiner sonstigen Nein-Kollegen!

Kurz frage ich mich, warum ich jetzt, wo es konkret wird, gar nicht mehr richtig euphorisch bin!? Den Gedanken wische ich für heute erst mal beiseite: »Jetzt wird gefeiert, Schmitty«, sage ich mir, »hoch die Tassen, weg mit den sozialromantischen Zweiflern, den Empathie-süchtigen Harmoniefanatikern – auf *Mister Distance!*«

Stockhausen und diesem Headhunter gegenüber war ich, wie Sie lesen konnten, nämlich genauso distanziert wie jedem anderen gegenüber auch! Aber die beiden wussten es zu schätzen! Der Kollegentypus, dem ich angehöre, wird nämlich von kompetenten Wirtschaftslenkern und erfahrenen Personalentwicklern als absolutes Erfolgsmodell der Zukunft betrachtet! Zu Recht. Was wissen meine Kollegen schon? Pah!

Hier also meine Ratschläge im Umgang mit dem Kollegentypus *Mr. Distance:*
Seine Nähe suchen, ihn so oft wie möglich zum Essen und zu Drinks einladen, ihm in der Kantine einen Platz freihalten, Komplimente über sein Outfit, seinen Haarschnitt und seinen durchtrainierten Körper machen, permanent zustimmen und Arbeitsanweisungen antizipieren und sofort umsetzen. Wenn er redet, permanent mit dem Kopf nicken, ihm Kaffee bringen, jeden seiner Vorschläge bewundern, Überraschungs-Geburtstagspartys organisieren, ihm attraktive Freundinnen vorstellen, seine IT-Probleme lösen, ihn für Beförderungen vorschlagen, für ihn Partei ergreifen, regelmäßig seinen Wagen waschen, ihm Süßigkeiten aus der Cafeteria mitbringen, spontan klatschen, wenn er nur den Raum betritt.
Und sollten Sie einmal anderer Meinung sein als er – gehen Sie einfach davon aus, dass *Mr. Distance:* schon recht haben wird. Dann wird Sie Ihr gemeinsamer Weg steil nach oben in ungeahnte Höhen führen! Halleluja.

Höllenregel 14: Willst du nach oben, musst du loben!

TEIL 2

Zwischenspiel

Jetzt steuere ich zielstrebig meine Lieblingsbar an, und eins ist sicher: Alles, was einen Rock trägt, kann sich heute anschnallen! Eine eng geschnittene Jeans geht auch noch durch – da sieht man den Hintern doch eh viel besser! Mädels, Schmitty kommt!

(... der Rest ist Schweigen.)

Ich kann Ihnen versichern, der Abend war erfolgreich. Mit so einem vielversprechenden Jobangebot in der Tasche lässt es sich leicht performen. Ich war in echter Geberlaune, und so war mein Erfolg mess- und vorzeigbar: Vicky, vierunddreißig, Kommunikationswissenschaftlerin, berufstätig. Die Körpermaße erspare ich Ihnen – ein neidischer Leser ist kein guter Leser!

Nur noch so viel: Frühstück machen kann sie auch. Ich liege in ihrem Bett und denke: »Zugegeben, ein bisschen dick aufgetragen habe ich letzte Nacht vielleicht schon..., aber sie doch sicher auch..., Kommunikationswissenschaftlerin, Coach, Systemische Beraterin, Neurolinguistisches Programmieren?! Da stimmt doch sicher auch nur die Hälfte! Aber die Oberweite ist echt, das kann ich bezeugen...«

Ich schmunzle. Na ja, ich habe ihr gegenüber eben das Gehalt, das mir Stockhausen geboten hat, noch mal verdoppelt... Was soll's!? Und ob ich jetzt gesagt habe, ich sei Vertriebsleiter für Putzmittelwagen oder Geschäftsführer..., das weiß ich nicht mehr so genau. Ach ja, und nach der dritten oder vierten Whisky-Cola habe ich aus der sinnlosen Fahrt nach Österreich ein Wellness-Wochenende als Incentive für besondere Leistungen des Management-Boards gemacht. Es kann aber auch keiner verlangen, dass ich *darüber* zu hundert Prozent die Wahrheit sage, oder? Außerdem *könnte* man so eine Leitbilddebatte ja auch als Belohnung betrachten!? Und immerhin: Österreich stimmt ja. Und Wochenende auch. So weit von der Realität war doch alles gar nicht entfernt.

Kuscheliges Frühstück im Bett. Und als wir beide schon angezogen sind, kommt der heikle Moment für die obligatorische Frage: ob man sich wiedersehen möchte. – Sie will! Wow! Ich gebe zu, ich bin berührt. Von einem Menschen berührt wie schon lange nicht mehr. Soll ich das große Wort aussprechen? Nein, das hebe ich mir auf.

Vicky fragt tatsächlich, *wann* wir uns denn wiedersehen? Ich schlage vor: »Morgen?« Sie lächelt, ich auch. Nur leider hat sie den Rest der Woche keine Zeit und so schlägt sie das kommende Wochenende vor. Ich flöte ihr zu: »Von Freitag bis Sonntagabend bin ich doch in Österreich.«

»Ach ja, wie schade. Dann Montagabend.«

»Ja. Dann Montagabend.«

Als ich draußen auf der Straße stehe, fällt mir auf: Wir haben gar keine Telefonnummern ausgetauscht! War ich so aufgeregt? »Schmitty, mach dir keine Sorgen«, sage ich mir. »Sie wird schon da sein, in der Bar, wie verabredet. Montagabend, selber Ort, selbe Zeit.«

Der Rest der Woche vergeht wie im Flug, in so einem Zustand sieht man die Welt doch mit ganz anderen Augen. Schon ist Donnerstag, morgen geht es nach Österreich. »Schön« mit meinen Nein-Kollegen ein Firmenleitbild erstellen … So ist das Leben, Licht und Schatten liegen manchmal nah beieinander. Doch was heißt hier Schatten? Tiefste Finsternis! Alles könnte perfekt sein, wenn die verdammten Kollegen und das verflixte Österreich nicht wären!

Was in den letzten Tagen im Unternehmen passiert ist, verdient keine besondere Erwähnung, außer vielleicht die typischen FAQs:

»Warum fliegen wir eigentlich nicht? Wird die Fahrtzeit extra bezahlt? Was zieht man zu so etwas überhaupt an? Casual Friday, Business Wednesday oder Little Black Sunday? Ist Österreich eine Demokratie? Brauche ich ein Wörterbuch? Und: Wie kann ein Österreicher eigentlich Senator in Amerika werden?«

Zugegeben, es wäre einigermaßen interessant, Ihnen zu berichten, welche erfolglose Anstrengungen von einzelnen Nein-Kollegen bis zum Schluss unternommen werden, um an diesem »verlängerten Wochenendausflug« doch nicht teilnehmen zu müssen. Aber im Vergleich zu dem, was uns in Österreich sicherlich passieren wird, ist es der reinste Kindergeburtstag, darum verzichte ich darauf.

Was ist ein Firmenleitbild eigentlich? In den Bürogängen gilt ab morgen rechts vor links, jeder hat das gleiche Recht auf Mobbing, auf Weihnachtsfeiern ist Fortpflanzung unter Kollegen explizit erwünscht? Ich weiß es nicht, aber ich werde es am Wochenende sicher erfahren. Die werden doch wohl auch jemanden eingeplant haben, der das Ganze moderiert, oder?

TEIL 3

Die Leitbildtagung

Der ultimative Bürokollegenhöllen-Test

Bevor wir uns jetzt auf den Weg zur Tagung machen, möchte ich Ihnen noch meinen ultimativen »Bürokollegenhöllen-Test« vorstellen.

Die darauf folgende Schilderung des anstehenden Wochenendes mit meinen Kollegen werde ich immer wieder unterbrechen, um Ihnen eine Aufgabe zu stellen. Diese Übungen dienen der Vertiefung des bis dato Gelernten, außerdem helfen sie Ihnen, zu überprüfen, ob Sie in der Lage sind, das Gelernte bereits anzuwenden. Lösen Sie, welche meiner vierzehn Höllenregeln in der jeweils beschriebenen Situation am besten zum Einsatz kommt.

Bei meinen Test habe ich mich für das Multiple-Choice-Verfahren entschieden, wählen Sie aus jeweils drei Optionen die richtige Regel zur Lösung der Situation.

Am Ende des Buches (Seite 217) können Sie die Richtigkeit Ihrer Antworten überprüfen und erhalten darüber hinaus eine psychologische Analyse Ihrer sozio-emotionalen Bürohöllenkollegenkompetenz.

Natürlich – es regnet. Wir, meine dreizehn Nein-Kollegen und ich, drängeln uns samt Gepäck unter dem viel zu kleinen Vordach am Haupteingang der SERVICE-AG und warten auf den Bus. Drinnen warten können wir nicht, denn es ist jetzt, um sechs Uhr morgens, noch nicht aufgeschlossen. Schmidtbauer, die *Bored-Identität*, rechtfertigt sich erschöpfend dafür, warum er den Schlüssel heute nicht dabei hat, aber keines seiner Argumente überzeugt mich. Ich beobachte Plech, den *Misserfolgsvermeider*, und habe den Eindruck, auch er denkt nun darüber nach, den Hausmeisterposten outzusourcen. Mist, warum habe ich ihm bloß den Vorschlag nicht gemacht? Egal, zu spät.

Um das Wochenende zu überstehen, habe ich mich entschieden, einen Strategiewechsel vorzunehmen, weder die Adler- noch die Ententaktik anzuwenden, sondern: die Helmut-Kohl-Taktik. Aussitzen, wegducken und aufs Mittagessen warten.

Endlich kommt der Bus. Ich überlege, wie ich am besten auf die hintere Sitzbank komme. Von dort aus könnte ich nämlich frühzeitig bemerken, falls jemand auf mich zukommt, um das Gespräch oder gar Sympathie zu suchen. Dann kann ich rechtzeitig ein Buch oder mein Smartphone greifen und mich beschäftigt zeigen.

Ich schmiede folgenden Plan: Koffer stehen lassen, rein in den Bus, durch bis zur Rückbank, Jacke ablegen, in schönster Mallorca-Handtuch-Liegeplatz-Reservierungs-Manier, dann erst wieder raus und den Koffer verstauen. Ich bin ein Fuchs! Aber der Plan scheitert, denn ausgerechnet mein Chef, Herr Plech, sucht den Kontakt zu mir und drängelt sich ebenfalls auf die Rückbank. Er müsse den geplanten Ablauf der Tagung noch mal durchgehen … Er gesteht mir resigniert: »Was da alles schiefgehen kann! Ich hätte es gerne *klassisch* gelöst, einen externen Dienstleister beauftragen, zehn Leitbildsätze entwickeln lassen, eine Mitarbeiterversammlung im Lager einberufen, Powerpoint-Präsentation vom Vorstand, Applaus, fertig. Da hätte man gewusst, was man bekommt. Ich war von Anfang an dagegen, aber der Vorstand …«

> Wie reagieren Sie auf die resignative Haltung Ihres Chefs?
> A – Höllenregel 1: Nehmen Sie die Zweifel des Kollegen vorweg und erklären Sie Ihn stets in Ihrem Anliegen zum Ratgeber und Mentor.
> B – Höllenregel 8: Verwenden Sie Abbiegephrasen!
> C – Höllenregel 13: Erst das Schlimmste ausmalen, dann herunterschrauben: Dann wirkt jede weitere Nachricht wie eine Erleichterung!

Ich lasse die Larmoyanz meines Chefs einfach an mir vorüberziehen wie die Landschaft draußen. Obwohl die Straßen frei sind, brauchen wir ewig. Frau Pichel, die *Rücksichtforderin*, muss einen Vertrag mit sämtlichen Raststätten von hier bis Österreich abgeschlossen haben. Schon bei der ersten müssen wir stoppen, weil sie fürchtet, zu dehydrieren – hat doch der Schuft von Busfahrer tatsächlich das Gebläse angemacht. Da trocknet man natürlich aus, also muss sie Wasser kaufen. Wir haben zwar reichlich Wasser an Bord, aber nicht das richtige. Zu wenig Kalzium und Magnesium, dafür zu viele Spurenelemente. An der nächsten Raststätte müssen wir dann wiederum halten, weil sie fürchtet, ihre Blase werde explodieren – das wollen wir alle nicht.

Nur Herr Ritz, der *ewige Entertainer*, beruhigt: Das sei kein Problem, denn die Sitzpolster seien gesponsert: »Von *Catsan*, hahaha ...« Wir haben zwar eine Toilette an Bord, aber kein Desinfektionsmittel.

Ich glaube, ich kann jetzt schon nicht mehr. Aber es geht weiter. Bei der nächsten Raststätte fragt Frau Pichel die Verkäuferin ernsthaft nach Anti-Thrombose-Strümpfen. Das viele Sitzen würde den Blutfluss reduzieren, das sei gefährlich in ihrem Alter. Beim Rausgehen erzählt sie mir, wie der reduzierte Blutfluss auf das Kapillarsystem der äußeren Extremitäten wirkt.

Wie reagieren Sie auf die egozentrischen Schilderungen Ihrer Kollegin?
A – Höllenregel 4: Denken Sie an Goethes letzte Worte: »Mehr Licht!«
B – Höllenregel 8: Verwenden Sie Abbiegephrasen!
C – Höllenregel 2: Wahren Sie innerlich Distanz und halten Sie räumlich Abstand!

Weiter geht's. Kurz hinter der österreichischen Grenze warnt sie alle Mitreisenden vor der Gefahr des »Decubierens«. Kennen Sie das? Offene Druckstellen, zum Beispiel am Steiß, vom zu langen Liegen. Das kann wirklich passieren – nach einigen Wochen oder Monaten, wenn Sie über neunzig und bettlägerig im Altenheim sind und obendrein Diabetes haben!

Zwischen den vielen Stopps, die auf das Konto von Frau Pichel gehen, nerven auch meine anderen Kollegen. Zum Beispiel rechnet unser Lagermeister Vladic, *Peter Panic*, laut vor, was die ganze Reise im Einzelnen kostet. Reisekosten, Übernachtung, Verpflegung, Programm vor Ort, Ausfall der Arbeitszeit, Folgekosten des Ausfalls der Arbeitszeit und Folgekosten der Folgekosten. Von den Zinsen der Folgekosten ganz abgesehen. »Da kommen wir bestimmt auf eine sechsstellige Summe«, posaunt er in die Runde. »Ohne Mehrwertsteuer!« Keinen interessiert's. Auch Schmidtbauer, in seinem Stolz gekränkt wegen des Schlüssels, legt sich besonders ins Zeug. Der Freitag und der Montag würden ihm ja jetzt verloren gehen für das Vermessungsprojekt. Vier Büros würden ja noch fehlen ... und die Möbel kämen ja schon ... o Gott ... in acht Wochen!

Nur Dr. Rink, *Dr. Know,* stört nicht weiter. Er spielt im Kopf Schach gegen sich selbst. Jedenfalls kichert er gelegentlich und murmelt etwas wie: »Hihi ... die Anderssen-Lange-Eröffnung, Breslau 1859, ... hihi ...«

Über diesen ganzen Blödsinn kann ich mich nicht allzu lange ärgern, denn es kommt noch übler: Partykönig Fritz Ritz hat CDs mitgebracht, und was für welche! Es scheppert aus den Boxen: »Nichts, nichts, nichts reimt sich auf Uschi.« Und das ist noch das beste der Lieder, falls man bei dieser Art von »Musik« noch differenzieren kann. Die *korrekte Sybille* weiß fachmännisch zu berichten, dass sich der »Herr Barth« diesen »Spruch mit der Uschi« tatsächlich hat patentieren lassen. Ich denke nur: »Gott, wenn man schon *damit* Geld verdienen kann – wie unglaublich reich muss ich dann wohl erst werden, wenn mein Buch erscheint!«

Unwillkürlich reibe ich mir die Hände. Dieses Hochgefühl hält nicht lange an, denn je höher der Bus die Alpen erklimmt, desto tiefer sinkt das Niveau des dargebotenen Liedguts. Selbst Dr. Rink singt mit: »Zehn nackte Friseusen«, »Und der ganze Bus muss Pipi«, und danach wird Wolfgang Petrys Evergreen für mich zur bitteren Realität: »Wahnsinn ... Warum schickst du mich in die Hölle ...« Sie ahnen es: »HÖLLE, HÖLLE, HÖLLE«, grölen alle mit. Sogar der Busfahrer. Nur ich nicht. Als einziges Zugeständnis an den Gruppenzwang bewege ich die Lippen.

Am maximalen Tiefpunkt meiner Vereinzelung kommt mir ein Hoffnung spendender Gedanke: Diese Reise hat auch etwas Gutes, etwas sehr Gutes sogar. Sie als Leser profitieren von dieser Österreich-Reise. Denn so erleben wir, Sie, lieber Leser, und ich, meine Kollegen hautnah in einer ungewohnten Umgebung, und diese offenbaren, wie eine Zwiebel, die man Haut um Haut pellt, immer tiefer liegende Schichten ihrer Seele und ihres Charakters. So gewinnt mein Buch *noch* mehr an Tiefe, wird *noch* substanzieller, und Sie bekommen *noch* mehr für Ihr Geld! Nichts zu danken. Fünf Sterne bei Amazon genügen.

Wir hätten übrigens alle noch pünktlich zum Kaffee im Hotel ankommen können, trotz der vielen Unterbrechungen, die wir Frau Pichel zu verdanken haben, wäre nicht noch folgendes Malheur passiert: Kurz vor fünfzehn Uhr klingelt Plechs Smartphone, die Zentrale ist dran. Die *Tarnkappe*, Frau Clausen, hat sich von unserer letzten Raststätte aus gemeldet, dort haben wir sie vergessen. O nein! Das haben wir nun von ihrer Unsichtbarkeit …

Aus den Boxen dröhnt gerade: »Ich weiß leider nicht mehr, wie du aussiehst, kenn nicht deinen Namen – scheißegal!«

Ihr Handy lag im Bus, so musste sie den Umweg über die Zentrale der SERVICE-AG wählen, um uns zurückzubitten. Sehr peinlich, auch für Plech, den Leiter der Expedition. »Es fährt ein Bus nach Nirgendwo.« Also runter von der Autobahn. Dort stellen wir fest: Es gibt hier nur eine Abfahrt, aber keine Auffahrt. Nun passiert, was passieren muss: Werner Saibling, der *Hochgeher*, flippt aus: »EINE AUTOBAHNABFAHRT, ABER KEINE AUFFAHRT? WO GIBT ES DAS DENN??« Aus zehn feuchtfröhlichen Kehlen schallt zurück: »HIER!!« – Dann allgemeines Gelächter. Saibling gibt sich geschlagen und starrt mit hochrotem Kopf stur aus dem Fenster. Ob das vielleicht die Patentlösung für den Umgang mit dem *Hochgeher* ist – einfach niederlachen? Leider kann ich den Gedanken nicht weiterverfolgen, ich bin selbst zu sehr damit beschäftigt, mich über die Clausen und die österreichische Verkehrsplanung zu ärgern. Notgedrungen schleicht unser Bus also durch gefühlte zweihundert Käffer bis zur nächsten Autobahnauffahrt, dann geht es im Eiltempo zurück zur letzten Raststätte, dort lesen wir Frau Clausen wieder auf, alle lachen verlegen und entschuldigen sich tausendfach, doch sie wiegelt ab: »*Das kann doch mal passieren...*«

Endlich: die Ankunft am Hotel. »Wow, da hat sich die SERVICE-AG ja mal richtig in Unkosten gestürzt«, wie der Lagerist Vladic nicht ganz zu Unrecht bemerkt. Ergänzend fragt er: »Wie viele Power-Tower muss man wohl verkaufen, um *diese* Hotelrechnung bezahlen zu können?«

Wir checken ein. Das nächste Drama: Ich hätte schon misstrauisch werden müssen, als ich die japanische Reisegruppe, die gerade dabei war, in den Aufzügen zu verschwinden, richtig gedeutet hätte – in so ein feines, aber kleines Hotel passen wir nicht alle gleichzeitig, jedenfalls nicht in Einzelzimmern. Das Haus ist dank eines schusseligen Auszubildenden überbucht, und man erklärt uns, versehen mit dutzendfacher Entschuldigung, dass sich nun zwölf von uns jeweils ein Doppelzimmer teilen müssen.

Die zwei Einzelzimmer greifen sich Plech und Pichel ab. Plech, weil er der Chef ist, und sie wegen ihrer panischen Angst vor Fußpilz, den sie sich ja womöglich im Badezimmer von einem von uns holen könnte. Ich wünsche ihn ihr in den Rachenraum. Zu Recht, oder nicht? Schmidtbauer versteht die ganze Aufregung nicht: Als der Seniorchef noch lebte, gab es auf Geschäftsreisen *ausschließlich* Doppelzimmer, wie er sich erinnert. Vladic rechnet gleich aus, wie viel wir dadurch einsparen, und nötigt Plech dazu, dem Hotel einen Rabatt abzuquetschen.

Kurz muss ich mich am Rezeptionstresen festhalten: Das Los, oder sollte ich sagen, das Schicksal, das zynische, niederträchtige Luder, will es, dass ich mir ein Zimmer teilen muss mit Manuel *Mr. Facebook* Wiegärtner! Sogleich erklärt er unser Zimmer zum Treffpunkt für das allabendliche Get-together.

Fritz Ritz addiert sich sofort dazu, inklusive der Organisation von Flatrate-Umtrunk und Ballermann-Sampler sechs, sieben & acht. Ich frage mich, ob der Tresen wankt oder ich? Dann fange ich mich wieder. »Denk an das Buch, Schmitt, denk an das Buch!«, sage ich mir. »Immer ans Buch denken!«

Zum weiteren Ablauf verkündet Plech halbherzig humorig: »Alle ab auf die Zimmer, frisch machen, um achtzehn Uhr treffen wir uns im Saal ›Jörg‹!« Dann murmelt er noch hinterher: »Jörg, wie kann man einen Raum Jörg nennen?«

Ein junger Page fühlt sich persönlich angesprochen und antwortet beflissentlich und sichtlich nicht ohne Stolz, der Raum trage den Namen zu Ehren des leider viel zu früh verstorbenen ehemaligen Landesvaters. Wie schön, denke ich und spekuliere, ob der adrette junge Page und der »Landesvater« sich wohl noch persönlich gekannt haben. Ob sie sich mochten? Und wenn ja – wie doll? Die Pietät verbietet es mir, den Gedanken fortzuführen. Schließlich bin ich auch schon mal Auto gefahren, als ich nicht mehr ganz nüchtern war. Und junge Männer zu *mögen*, ist ja auch kein Verbrechen. Außer vielleicht im Iran, in China, Afghanistan, Russland, den Arabischen Emiraten und vierundsechzig anderen Staaten, die noch nicht so aufgeklärt sind wie unsereins. Aus Rücksicht auf meine österreichischen Leser verzichte ich auf jede Bewertung der sogenannten *Buberlpartien*, *Buberlparties* oder wie das heißt. Außerdem: Es muss ja auch nicht alles stimmen, was in der *Zeit* steht. Wahrscheinlich denke ich sowieso nur an die sexuellen Neigungen eines Provinzfürsten, weil ich gleich mit Manuel Wiegärtner ein Zimmer teilen muss – und heute Nacht ein Doppelbett. Ich überlege, ob ich einen Aktenkoffer zwischen uns stellen soll. Heute Nacht. Im Bett.

Gut, erst mal frisch machen, und dann rein in den »Jörg«.

Während ich im Bad bin, höre ich Wiegärtner gemeinsam mit Sybille Gründler, der *korrekten Sybille*, das erste »Pikkolöchen köpfen«. Ihr spitzes Kichern geht mir durch Mark und Bein. Als ich aus dem Bad komme und Wiegärtner hineingeht, verlässt sie glücklicherweise fluchtartig das Zimmer. »Bis gleicheich!«, ruft sie noch.

Ihm zur Freude, mir zur Qual.

Pünktlich um achtzehn Uhr gehen Wiegärtner und ich gemeinsam zu »Jörg».

»Dass wir zwei beiden uns einmal ein Zimmer teilen würden, das hätten wir uns auch nicht träumen lassen, nicht wahr, Herr Schmitt?!« Wie recht er hat. Um jeden weiteren Fraternisierungsversuch zu vermeiden, versuche ich das Gespräch verebben zu lassen.

Es scheint es nicht zu registrieren: »Wollen wir die Japaner nicht auch zu unserer Zimmerparty einladen?«

Wie reagieren Sie auf den unsinnigen Vorstoß Ihres Kollegen?

A – Höllenregel 3: Seien Sie für ihn die windstille Stelle im Zentrum des Orkans, das Auge des Sturms.

B – Höllenregel 5: Verlassen Sie den Täterstatus und zelebrieren Sie sich als Opfer!

C – Höllenregel 14: Willst du nach oben, musst du loben!

Anstatt des von mir erwarteten Sitzkreises sind eine Theaterbestuhlung und ein angedeutetes Bühnenbild aufgebaut. »Ist das unser Raum?«, fragt Wiegärtner. Da bemerkt uns Plech: »Ja, ja, Sie sind schon richtig. Kommen Sie ruhig rein. Das, was jetzt kommt, konnte ich nicht verhindern, Sie wissen ja, der Vorstand.« Er tut so, als wäre das ein Witz, dabei weiß ich, er meint es genau so, wie er es sagt.

Als alle sitzen, eröffnet Plech mit einer kurzen Ansprache die Tagung. »Sehr geehrte Kollegen …« Schon wird er unterbrochen von Sarah Hinkel, der *Befindlichkeiterin*: »Und Kolleginnen!«, glaubt sie ergänzen zu müssen. »Wollte ich doch gerade sagen«, lügt Plech schlecht, und alle lachen. Steffen Holzt, *Herr Macht*, sitzt als Einziger in der ersten Reihe und versucht, mit einem nach hinten gewendeten, empörten Blick für Ruhe zu sorgen. »Hohoho!«, kommentiert Ritz zur allgemeinen Belustigung, danach ist aber wirklich Ruhe.

Svetlana Alvarez hat als Einzige einen vom Hotel auf den Stühlen ausgelegten Block und Stift aufgenommen und scheint ernsthaft mitschreiben zu wollen. Plech muss sie gefragt haben, ob sie Protokoll führen wolle. *Fräulein Jaja-Sofort* … Ich frage mich, ob Menschen außerhalb ihrer gewohnten Umgebung noch stärker auf erlernte Verhaltensmuster zurückgreifen, um quasi eine innere Heimat in der Fremde zu bewahren? Dieser Gedanke nimmt mich derart gefangen, dass ich von Plechs Rede nur Fetzen mitbekomme. »Leitbild«, »Verantwortung«, »besseres Betriebsklima«, »Nachhaltigkeit« und dergleichen.

Ein einsames Händeklatschen holt mich zurück – Fritz Ritz. Dann ruft er: »Yes we can!«, und wieder lachen alle.

Plech verlässt die Bühne, für einen Moment wird der ganze Saal dunkel. Dann wird nur die Bühne erleuchtet, und eine mit Kittelschürze und Kopftuch bekleidete Frau betritt die Szene. Vor sich her schiebt sie den Power-Tower. Sie dreht sich um, bückt sich und stößt mit ihrem Po den Tower um. Müll fällt heraus. Alle schauen entsetzt rüber zu Plech, der lacht – alle lachen erleichtert mit. In einer Mischung aus Serbokroatisch und Ruhrpottdeutsch fängt die Frau auf der Bühne an zu zetern. »Blöden Power-Turrm, fallen immer um, Scheißendrreck! Rrufen an Hotline von Serrvice-AG. Wollen gucken, ob Serrvice gutt ist von Serrvice-Hotline bei Serrvice-AG …«

Das Publikum lacht erneut, jetzt schon ohne Sicherheitsblick.

»Denen werrd ich was serrvieren, hahaha.«

Ihr Lachen steckt an.

Sie nimmt ein riesiges Handy, wählt eine Nummer, man hört lautes Telefonklingeln. Ein zweiter Schauspieler tritt auf, er ist mit einem Business-Anzug bekleidet. Er nimmt den Hörer eines Festnetztelefons ab und meldet sich: »SERVICE-AG, wer stört?«

»Hörr mal gutt zu, Jungelchen. Ist hier Dragica von Putzkolonne, bin ich Opfer von Powerr-Towerr. Liege begrraben unter Trrumer von Towerr. Fuhle ich mich wie elfte September. Will ich Geld zurück!«

Die Antwort kommt prompt: »Für Schäden, die durch unsachgemäße Handhabung unserer Produkte entstehen, sind wir nicht haftbar.« Der Mann legt mit energischer Geste auf. Das gefällt mir, diesmal lache *ich* laut – als Einziger. Schon ernte ich einen strengen Blick von der *korrekten Sybille*.

Das Spiel auf der Bühne geht weiter: »Na warrte, dich gäb ich, Burrschchen!« Sie wählt erneut, es wird abgenommen, aber bevor der Kollege etwas sagen kann, legt sie schon los: »Meine Neffe arrbei-ten bei SERRVICE-AG in Lager, ist Chef von Lager, kommen morr-gen zu dich und kloppen dich Krrankenhaus!«

Vladic lacht am lautesten.

Der Anzugträger auf der Bühne antwortet: »Gute Frau, Verbesse-rungsvorschläge bezüglich unserer Produkte senden Sie bitte schrift-lich in dreifacher Ausfertigung an unsere Reklamationsabteilung. Die Adresse finden Sie im Internet. Guten Tag.« Dann legt er wieder auf.

Die Frau legt ebenfalls auf, hebt resigniert die Schultern, lässt den Kopf hängen, sagt noch: »Serrvice nix gutt ...« Dann richtet sie den Wagen wieder auf und geht, ihn vor sich her schiebend, langsam ab.

Nun ruft der Anzugträger seinerseits eine Kollegin an. Es klingelt ein paar Mal, dann erscheint dieselbe Schauspielerin wie zuvor, nur diesmal ohne Kopftuch und Kittelschürze, nun spielt sie die Kolle-gin: »SERVICE-AG, Franka Frostig am Apparat.« Sie spricht jetzt hochdeutsch, aber tief und kratzig. Wirklich unglaublich wand-lungsfähig, diese Künstlerin!

»Was kann ich gegen Sie tun?«

»Peter Pampig hier, hör mal gut zu, Kollegin. Wenn ihr das Pro-blem mit dem Power-Tower nicht bald auf die Kette kriegt, dann werde ich in Zukunft keine externen Telefonate mehr annehmen. Verstanden?«

»Der Herr Pampig! Verbesserungsvorschläge bezüglich unserer Produkte senden Sie bitte schriftlich in dreifacher Ausfertigung an die entsprechende Projektgruppe. Die Adresse finden Sie im Intra-net. Verstanden?« Ohne die Antwort abzuwarten, legt sie auf.

Alle schütten sich jetzt aus vor Lachen. Da das Stück simpel ge-strickt und somit zumindest für mich sehr leicht zu verstehen ist, habe ich Zeit und Muße, gleichzeitig darüber nachzudenken, wie man wohl am besten eine Schauspielerin angräbt. Sie wird doch wohl heute Abend noch im Hotel sein!? Was sagt man da? »Schön gespielt haben Sie heute, aber was machen Sie eigentlich beruflich?« Nicht gut. »Kann man eigentlich davon leben?« Auch nicht gut.

Egal, ich bin ja eh versorgt, meine Gedanken schweifen von der Schauspielerin zu Vicky. Meine Mutter sagt immer: »Appetit holen kann man sich draußen, gegessen wird daheim.« Ich frage mich, ob Vicky schon so etwas ist wie mein Daheim. In Gedanken an sie fühle ich mich jedenfalls schon richtig zu Hause. Schade, dass sie jetzt nicht hier bei mir sein kann. Ich freue mich auf nächsten Montag. An diesen Zustand, mich auf jemanden so zu freuen, kann ich mich schon gar nicht mehr erinnern … Hoffentlich geht die Zeit hier schnell vorbei.

Das Theater scheint bei meinen Kollegen gut anzukommen, vielleicht sollte ich mal wieder zuhören. Uuups, da ist es auch schon zu Ende, und alles applaudiert frenetisch. Wie viel Zeit wohl vergangen ist? Holzt, unser Marketing-Chef, ruft: »Brava! Brava!« Das hat er wohl mal in der Oper gehört, da macht man das ja. Hier wirkt es reichlich deplatziert. Die *Tarnkappe* konnte aufgrund ihrer Unsichtbarkeit während des Schlussapplauses ungesehen aus dem Raum eilen, mit einem Blumenstrauß zurückkommen und diesen Plech in die Hand drücken. Dieser gibt ihn mit großer Geste weiter an die Schauspielerin, dann herzt er sie ausgiebig, sodass sie gar nicht mehr weiß, wohin mit den Blumen. Der Schauspieler stemmt empört die Hände in die Hüften und mimt den Eifersüchtigen. Das hebt die Stimmung noch mehr – Pfiffe, Johlen, Jubel, Füßetrampeln! Und dann: Standing Ovations – mit vierzehn Leuten! Was für ein Einstieg in unser Wochenende, da hat sich die SERVICE-AG echt was einfallen lassen: ein Theaterstück, extra für uns geschrieben!

Ich bemerke: Ich fühle mich wohl im Kreise meiner Kollegen wie schon lange nicht mehr! Es muss an der Mischung liegen aus diesem Theaterstück mit der adretten Schauspielerin, meinen Gedanken an Vicky und der Umgebung mit meinen ja doch irgendwie *vertrauten* Kollegen – es ist mir auch egal, woran es liegt, im Moment möchte ich dieses wohlige Gefühl einfach nur genießen und so lange wie möglich aufrechterhalten. Ich ertappe mich dabei, dass ich selbst dem Kollegen Holzt aus dem Marketing einen jovialen Blick zuwerfe, den dieser mit einem Lächeln erwidert. So bin ich auch gerne selbst aktiv dabei, unsere Sitzordnung zu ändern. Alle helfen mit, Stuhlkreis, Flipchart und Metaplanwände aufzubauen.

Plech scheint auch richtig guter Laune zu sein und leitet auf den nächsten Programmpunkt über: »Na, Kollegen, war das was? Wenn schon keiner von uns jemals ins Theater geht, ist es doch schön, wenn das Theater zu uns kommt, oder?« Dem stimmen alle zu. Dann sagt er: »Jetzt geht's weiter im Programm, wir werden selbst aktiv. Dafür haben wir eine weitere Fachkraft gewinnen können. Sie ist Coach, Mentorin, professionelle Leitbildentwicklerin und kann noch viel, viel mehr. Und besonderen Dank schulden wir ihr, weil sie so kurzfristig für einen erkrankten Kollegen eingesprungen ist. Liebe Kollegen, bitte begrüßt mit mir – Victoria Bellinghausen!«

Die Tür geht auf. Mein Kopf weigert sich, die Realität zu akzeptieren – aber er muss! Vicky steht in der Tür. Meine Vicky. Die Vicky, der ich noch vor wenigen Tagen ins Ohr gehaucht habe, alle hier Anwesenden wären Topmanager und ich wäre ihr Vorgesetzter. Von der ich mir eben noch gewünscht habe, sie wäre hier. Wie leichtfertig von mir... Ich imitiere *Frau Tarnkappe*, vielleicht gelingt es mir, mich in einen Stuhl zu verwandeln. Ich versuche, Armlehne, Sitzfläche und vier Stuhlbeine zu sein. Oder doch besser eine Metaplanwand oder ein Flipchart?

Sie tritt in den Kreis und lächelt in die Gruppe. Sie sieht in meine Richtung. Dann wandert ihr Blick weiter – schnellt aber sofort wieder zu mir zurück! Ich denke: »Ich bin ein Stuhl, ich bin ein Stuhl, ich bin ein Stuhl.« Aber ihr Blick bleibt an mir hängen. Offensichtlich bin ich *kein* Stuhl, denn ihr Gesicht zeigt für eine halbe Sekunde pure Fassungslosigkeit. Aber sofort fängt sie sich wieder und begrüßt nahezu völlig souverän unsere Gruppe.

»Sie hasst mich«, denke ich. Was habe ich damals noch alles erzählt? Ich rekapituliere. Manches stimmte, manches weniger, einiges gar nicht und vieles überhaupt gar nicht. Und wenn sie sich nur einigermaßen gut auf diesen Job vorbereitet hat, dann weiß sie das jetzt.

Sie hasst mich.

Von ihrer Vorstellung der Agenda der nächsten zwei Tage bekomme ich nur Bruchstücke mit: konzeptionelles Arbeiten, Workshops & Keynotespeaker, Samstagabend Vorführung der Ergebnisse, Sonntag kommt der Vorstand zur Abschlusspräsentation. Wer präsentiert und wie, bestimmt die Gruppe.

Sie sagt: »Heute Nachmittag geht es um einen Maßnahmenkatalog für einen besseren Umgang miteinander innerhalb der SERVICE-AG. Das ist das Oberthema, die Subthemen bestimmen Sie bitte selbst.« Dann werden die Gruppen eingeteilt. Vicky zählt einfach ab und würdigt mich dabei keines Blickes. Mir fällt wieder auf, wie unglaublich attraktiv sie ist. Und wie elegant sie diesen Prozess moderiert!

In den nächsten zwei Stunden fühle ich mich wie mit einem Samurai-Schwert in zwei Hälften geteilt. Die eine Hälfte muss mit Ritz, Schmidtbauer, Clausen und Alvarez Verbesserungsvorschläge bezüglich der Firmenkommunikation besprechen, die andere Hälfte überlegt, wie sie Vicky davon überzeugen kann, dass meine Gefühle für sie aufrichtig sind.

Die Clausen beklagt sich über die Rücksichtslosigkeit mancher Kollegen am Kopiergerät. Immer wieder würden sie die Gutmütigkeit anderer ausnutzen, indem sie fragen, ob sie »mal eben kurz vor dürfen«. Mit den Fingern setzt sie dabei Anführungszeichen. Ihr Vorschlag: Man sollte am Kopierer Nummern ziehen müssen, so wie auf dem Arbeitsamt. Und jede weitere Diskussion über die Reihenfolge des Kopierens müsste verboten werden! Da ihr niemand widerspricht, spinnt sie weiter. Unterdessen frage ich mich, ob Blumen eine Lösung wären? Natürlich für Vicky, nicht für die Clausen! Diese ist gar nicht mehr zu bremsen: »Eine Absperrkordel müsste angeschafft werden, die die Anstellschlange strukturiert!«, sagt sie. Ich denke: »Oder Pralinen!?« Nach Clausens Vortrag sehen mich alle an. Erwarten sie ernsthaft von mir eine Antwort auf diesen Quatsch? Also gut, ich tue ihnen den Gefallen und sage so verbindlich und interessiert klingend wie möglich: »Ja – schöner Beitrag. Darüber lohnt es sich einmal nachzudenken.«

»Ein Ring«, das ist das Nächste, was ich denke.

Ich frage laut in die Runde: »Ob es in diesem Kaff wohl einen Juwelier gibt?«

Alle vier starren mich irritiert an. Kein Wunder! Mist, das wollte ich nur denken, nicht sagen! »Konzentration, Schmitty, KONZEN-TRATION!!«, denke ich und versuche zu retten: »Man ..., äh ... müsste für Sie nämlich einen Orden kaufen für diese tolle Idee, Frau Clausen.«

Alle stimmen zu, nur die Clausen winkt bescheiden ab. Sie sagt: »Na, *so* toll ist die Idee nun auch wieder nicht ...«

»Da haben Sie eigentlich recht, Frau Clausen«, gebe ich gerne nach. »Und Sie, Herr Schmidtbauer? Was würden Sie in der SER-VICE-AG verbessern?« Erfolgreich lenke ich die Aufmerksamkeit weg von mir, hin zu ihm. Er antwortet prompt: »Da muss ich jetzt mal deutlich werden. Immer diese unsichere Situation, was den Arbeitsplatz anbelangt, das hält doch auf die Dauer keiner aus! Immer damit zu drohen, alles outzusourcen ... Da wird man doch *physisch* krank!«

Die Alvarez fragt: »Meinen Sie *psychisch* krank?«

»Nein, ich meine IM KOPF!«

Ich muss an ihren Tisch, heute Abend, beim Abendessen.

»Diese Sache muss vom Tisch!« Ich erschrecke – habe ich das gerade wirklich gesagt? Nein, das war Schmidtbauer. Puh ... Er wiederholt insistierend: »Diese ständige Drohung, Abteilungen outzusourcen, muss vom Tisch.«

Die Alvarez fragt: »Wer hat das Thema denn in der Firma überhaupt angesprochen?«

»Ja, niemand«, sagt der Schmidtbauer, »aber das kann ich mir doch selber denken!« Wir nicken ihm alle mit betroffenem Gesichtsausdruck zu. Kurz frage ich mich, warum Hausmeister Schmidtbauer und Lagerist Vladic eigentlich nicht die besten Freunde sind? Brüder im Geiste, im *kleinen* Geiste, sind sie doch auf jeden Fall. Aber im Bus haben sie maximal weit voneinander entfernt gesessen, beide alleine. Aber das ist mir gerade auch wirklich absolut und vollkommen egal! Stichwort »alleine«: Ich muss Vicky auf jeden Fall heute Abend noch irgendwie ungestört unter vier Augen erwischen. Aber wie stelle ich das an?

Inzwischen ist die Alvarez an der Reihe: »Also, ich finde, man müsste erst einmal unsere Arbeitsaufgaben klarer definieren. Ein klares Stellenprofil für jeden sollte obligatorisch sein heutzutage. Dann könnte auch keiner mehr kommen und einfach so seine Arbeit auf andere abwälzen! Manche von uns können nämlich nicht so gut Nein sagen, wenn sie gefragt werden …«

Da gebe ich der Alvarez recht und hoffe, dass es bei Vicky ähnlich ist … heute Abend.

Ritz ist offenbar langweilig, oder seine Aufmerksamkeitsspanne ist erschöpft, denn er unterbricht: »Also Leute, alles schön und gut, aber das Wichtigste für die SERVICE-AG ist doch: Einfach mehr feiern! Immer schön locker auf dem Hocker, immer cool am Pool! Wie wär's mit einem ›Funny Monday‹?«

»Was soll das denn sein?«, fragt Schmidtbauer.

»Na, wir machen jeden Montag eine After-Work-Party in der Kantine oder im Lager. Und ich mache den DJ! *Shake your body, baby!* Da geht der Umsatz ab wie die Luzi! Wenn wir dadurch alle mehr Geld verdienen, brauchen wir auch kein Leitbild mehr«, meint Ritz. »Geld verdienen ist nämlich genauso geil wie koksen, habe ich gehört. Zumindest sollen dieselben Gehirnregionen dadurch angesprochen werden. Ist doch der Hammer, oder?«

»Na, ich weiß nicht …«, wendet Schmidtbauer ein. »Feiern und Koksen ist ja auch nicht jedermanns Sache. Wir sind ja schließlich keine Bank … oder Versicherung.«

Jetzt bin ich aber überrascht. Gerade eben fand ich unseren Herrn Schmidtbauer tatsächlich richtig witzig, wie konnte das denn passieren? Hat mich die Sache mit Vicky etwa weichgekocht? Das muss ein Ende haben. Ich gehe strategisch vor und sage: »Apropos, Herr Ritz, es bleibt doch bei der Party heute Abend in unserem Zimmer, oder?«

»'türlich! Klärchen! Digga! Logo! Wat 'ne Frage! Alle wissen schon Bescheid!«

Gut, dann kann ich ungestört mit Vicky sprechen, während alle feiern. Gleich im ersten unbeobachteten Moment werde ich sie ansprechen und versuchen, mich mit ihr zu verabreden.

So, jetzt erwarten aber alle noch, dass ich mein Statement abgebe. Ich muss wirklich gut nachdenken. Nicht dass ich keine Idee hätte, weit gefehlt, eine sehr gute habe ich sogar. Aber ich kann ja hier unmöglich vorschlagen, einfach die halbe Belegschaft auszutauschen! Unter uns, lieber Leser, das wäre zwar *die* Lösung, aber in diesem Rahmen, als Aussage, vorsichtig formuliert, *unpopulär*.

Also sage ich: »Die Kantine …, die Kantine, als kommunikatives Zentrum, ist der optimale Angriffspunkt für eine Verbesserung des internen Austausches. Wir brauchen Kantinenregeln.«

Ritz unterbricht schon wieder: »Regel Nummer eins: Übergeben Sie Ihr Tablett nach dem Essen dem Personal und sich selbst ausschließlich auf der Toilette!«

Wie reagieren Sie auf diese unsachliche Unterbrechung Ihres Kollegen?
A – Höllenregel 1: Nehmen Sie die Zweifel vorweg und erklären Sie ihn in Ihrem Anliegen zum Ratgeber und Mentor.
B – Höllenregel 6: »Halt einfach mal die Fresse!«
C – Höllenregel 14: Willst du noch oben, musst du loben!

Niemand reagiert, also ignoriere auch ich diese Bemerkung und fahre einfach fort: »Nun, mein Vorschlag ist folgender: Wir führen einen Kantinenbeauftragten ein, der überwacht, dass niemand sich an einen leeren Tisch setzt, bevor nicht alle anderen Tische besetzt sind. Oberste Pflicht ist, ich setze mich immer an Tische dazu, selbst wenn ich die Menschen, die dort sitzen nicht mag …, äh …, ich meine, nicht kenne. Wir unterstützen unsere Kolleginnen und Kollegen, die Mahlzeiten als gemeinschaftsbildendes Erlebnis zu gestalten. Hierarchie-, bereichs- und geschlechterübergreifendes Kennenlernen ist oberste Maxime in der Sitzplatzregelung.« Wow – zu was für ausgefeilten Formulierungen ich in meiner jetzigen Verfassung noch fähig bin!

Ich erwarte Applaus, bekomme aber keinen. Egal, Ziel erreicht. Hauptsache, niemand kann sagen, ich hätte mich in unsere Leitbilddebatte nicht konstruktiv eingebracht. Und vor allem soll Vicky sehen, dass ich zumindest informell ein echtes Alphatier in unserer Firma bin.

Wir stimmen ab, welches der Themen im nächsten Arbeitsschritt weiterverfolgt werden soll. Geplant ist eine »künstlerische Umsetzung« dieses Themas. Im ersten Wahlgang gewinnt der Vorschlag von Frau Alvarez, Stichwort »Klarere Arbeitsauteilung«, mit vier zu einer Stimme. So leicht gebe ich mich aber nicht geschlagen. Ich sage: »Moooment. Demokratie ist schön und gut, aber wenn es dabei nur um die Verfolgung singulärer Einzelinteressen geht, kann das ja kaum dem Zweck dienen, ein allgemeingültiges Leitbild für alle zu schaffen. Jeder merkt doch, dass es hier nur um die persönliche Schwäche von Frau Alvarez geht, sich immer fremde Arbeit aufhalsen zu lassen. Da sind meine Kantinenregeln doch viel allgemeingültiger, oder?« Ich verleihe meiner Stimme Nachdruck. Da bei der Arbeit eben doch keine Demokratie, sondern Hierarchie herrscht, stimmen wir noch einmal ab. Diesmal gewinne ich drei zu zwei. Schmidtbauer bleibt bei seiner Meinung. Ich glaube, er hat den Ernst seiner Lage noch nicht erkannt. Meine Stimmung steigt trotzdem. Laut genug, dass auch Vicky es hören kann, sage ich: »Gut, auf allgemeinen Wunsch meiner Gruppe bearbeiten wir das Thema, das *ich* vorgeschlagen habe.« Sie zeigt keinerlei Reaktion. Schade. Ich schreibe mein Thema auf eine Wolke und pinne diese an die oberste Stelle des Flipchart-Himmels, meine Gruppe ist als erste fertig. *Strike*. Wenn ich hier schon teilnehme, dann will ich auch gewinnen.

Nachdem auch die anderen Gruppen abgestimmt haben, beendet Vicky diese erste Sitzung und wir gehen alle gemeinsam ins Restaurant.

Mein Ziel ist klar: Ich muss beim Abendessen dort sitzen, wo Vicky sitzt, notfalls mit roher Gewalt. Ein bisschen drängeln, ein bisschen schieben, ein leichter Schubser, Schulter vor. Geschafft – ich sitze direkt neben ihr. Allerdings schaut sie demonstrativ in die andere Richtung und unterhält sich gut gelaunt mit Plech und dessen Sitznachbarn Holzt – mich ignoriert sie komplett. JETZT bin ich offenbar ein Stuhl. Sie behandelt mich, als wäre ich nicht anwesend. So muss sich die Clausen immer fühlen. Zu der schaue ich rüber, und tatsächlich, auch hier: Niemand nimmt sie wahr, keiner spricht mit ihr. Na ja, ich nehme sie wahr, aber ich werde den Teufel tun und mit ihr sprechen. Ich habe andere Probleme. Als ich gerade schon glaube, Vickys Gespräch mit Plech und Holzt gehe in eine Richtung, die mich weder betrifft noch interessiert, fängt sie plötzlich an, indirekt mit mir zu kommunizieren.

Vicky zu Plech: »Was mich wundert, ist, dass keine der Gruppen in dieser Leitbildfrage das Thema »Verbindlichkeit und Ehrlichkeit im Umgang miteinander« angesprochen hat. Da scheint es bei Ihnen wohl keinen Handlungsbedarf zu geben!? In anderen Firmen spielt das eine viel zentralere Rolle, da wird auch schon mal grundlos gelogen und geprahlt. Vor allem in informellen Situationen, zum Beispiel an der Bar, was da manche Leute teilweise von sich geben, da biegen sich die Balken. Da schäme ich mich manchmal für die Teilnehmer. Wie schön, dass das bei Ihren Mitarbeitern offensichtlich ganz anders ist.«

Ich fühle mich ertappt und möchte im Boden versinken.

Plech erwidert bescheiden: »Na ja, höhö, bei uns ist auch nicht alles Gold, was glänzt … Da wird sicher auch schon mal ein wenig geflunkert, nicht wahr, Herr Schmitt!?« Er guckt mich an.

»O nein!«, denke ich, »wie peinlich, dass er mich jetzt auch noch direkt anspricht. Zu *dem* Thema!« Und ich versuche abzuwiegeln: »Na ja, aber ich glaube nicht, dass Frau Bellinghausen das jetzt interessiert …«

Nun spricht Vicky mich direkt an, von der Seite: »Doch, doch, erzählen Sie mal! Das interessiert mich sehr, was Sie zu diesem Thema zu sagen haben.«

Stockend entgegne ich: »Also, was der Herr Plech meint, ist

wahrscheinlich, dass ich als Vertriebler manchmal den Kunden nicht alles sagen kann, was ich über unsere Produkte weiß, gerade über die noch nicht ganz ausgereiften …«

Sie fragt: »Ach, Sie arbeiten im Vertrieb?«

»Öh …, ja!?«

»Ach so, kurz dachte ich, Sie wären hier der Chef von allen …«

Plech und Holzt feixen im Chor. Plech fragt: »Wie kommen Sie denn auf so was? Unser Herr Schmitt …«

Vermeintlich harmlos entgegnet Vicky: »Da habe ich wohl etwas missverstanden … Aber zurück zum Thema ›Verbindlichkeit und Ehrlichkeit‹. Etwas nicht zu sagen, ist ja immer noch etwas anderes als eine faustdicke Lüge, oder, Herr Plech? Also, ich habe schon Männer kennengelernt, die haben behauptet, sie würden Unternehmen führen, nur um mir zu imponieren …«

Plech lacht: »Also, Schwachmaten gibt's … Als wenn *Sie* auf so etwas hereinfallen würden!«

Nun schaut Vicky mich zum ersten Mal an diesem Tag offen an. Wortlos. Wenn ich jetzt die Gabel auf den Boden fallen ließe, könnte ich mich wenigstens kurz unter dem Tisch verstecken. Vicky schaut wieder zu Plech und wechselt das Thema. Zum Glück. Mein Puls ist auf hundertachtzig. Den Rest des Abendessens verfolge ich wie betäubt. Ich fühle mich wie in dem Film »Gorillas im Nebel« – ich bin ein Gorilla. Im Nebel.

Nach dem Essen ist sie endlich da: meine Chance. Vicky geht zur Toilette – ich folge ihr, wir sind alleine auf dem Gang. Kurz vor der Klotür spreche ich sie an: »Du, das ist mir alles unendlich peinlich. Es tut mir leid. Können wir nicht heute Abend in aller Ruhe noch mal darüber sprechen?« – »Worüber?«, fragt sie. Ich fahre fort: »Das soll jetzt keine Ausrede sein, aber es soll ja Männer geben, die Frauen anlügen, nur weil sie sie so attraktiv finden, dass sie sich nicht anders zu helfen wissen, als zu lügen, und sich dabei vielleicht sogar zum Affen machen, ohne es selbst in dem Moment zu merken.« Vicky denkt nach. Der Satz *war* aber auch lang … Dann sagt sie: »Na gut. Reden können wir ja mal. Wann und wo?« Ich bin erleichtert. Ich sage: »Um zehn an der Bar, okay? Vorher muss ich noch auf dieser beknackten Zimmerparty auftauchen. Aber weil dann wahrscheinlich alle dort sind, sind wir an der Bar ungestört.« Ihre Antwort fällt knapp aus: »Gut, dann bis um zehn an der Bar, Michael. Falls das dein richtiger Name ist …«

Seit Stunden habe ich mich nicht mehr so gut gefühlt. Ich bin noch im Spiel!

Auf der Party ist es überraschenderweise lustiger als erwartet. Das liegt wahrscheinlich nur an meiner Hochstimmung wegen Vicky, aber egal. Selbst dass Ritz, der natürlich als Erster auf unserer Zimmerparty aufgeschlagen ist, jeden Einzelnen mit »Halli, Hallo, Hallöchen, hereinspaziert« begrüßt, also wirklich *jeden*, geht mir erstaunlich wenig auf den Zeiger. Ich gebe mich gesellig, damit die Party möglichst rasch in Gang kommt und ich in einer Stunde, um kurz vor zehn, unbemerkt an die Bar verschwinden kann. Holzt kommt auf mich zu: »Mensch Michael, ich darf dich doch so nennen, oder? Jetzt wo wir so nett zusammen einen heben!?«

Wie reagieren Sie auf diesen plumpen Verbrüderungsversuch Ihres Kollegen?

A – Höllenregel 11: Äh, also, äh … Tiefstapeln, hoch gewinnen!

B – Höllenregel 2: Wahren Sie innerlich Distanz und halten Sie äußerlich Abstand!

C – Höllenregel 10: Seien Sie verdammt noch mal konsequent!

»Klar«, antworte ich, »jetzt, wo Plech unsere beiden Konzepte für die Kundenveranstaltung gründlichst verglichen und sich am Ende eindeutig für meines entschieden hat, gibt es ja keine Konkurrenz mehr zwischen uns … Steffen.« Sein Lächeln gefriert, meine Stimmung steigt. Ich drehe mich um und hole mir noch etwas zu trinken. Da wanzt sich die Alvarez ran: »Mensch, Herr Schmitt, so umgänglich habe ich dich ja noch nie erlebt!«

Wie reagieren Sie auf diese nächste plumpe Vertraulichkeit?
A – Höllenregel 12: Wer werden will, muss erden!
B – Höllenregel 10: Seien Sie verdammt noch mal konsequent!
C – Höllenregel 14: Willst du noch oben, musst du loben!

Ich korrigiere sie wohlwollend: »Habe ich *Sie* noch nie erlebt, meinen Sie wohl.« Ich lasse sie stehen und wende mich meinem Zimmergenossen Wiegärtner zu. Er steht turtelnd mit der Gründler im Badezimmer. Sie kippen gerade Eis ins Waschbecken, um den Sekt zu kühlen. Frech versucht Sybille Gründler, Manuel Wiegärtner einen Eiswürfel hinten ins T-Shirt zu stecken. »Na, zwischen Ihnen beiden scheint das Eis ja gebrochen zu sein«, kalauere ich. Die beiden schauen mich beschämt an, senken dann ihren Blick und lachen hilflos. Kurz spekuliere ich, ob sie so reagieren, weil sie sich ertappt fühlen, oder weil sie meinen Witz so schlecht finden. Bestimmt fühlen sie sich ertappt. So geht die Party ihren Gang, und selbst ich habe meinen Spaß dabei. Aus den Boxen dröhnt: »Sie hatte nur noch Schuhe an.« Ich frage mich, ob irgendjemand diese Lieder wirklich gut findet, oder ob es immer so ist, wie es beim »Schlagermove« in Hamburg sein soll. Alle sind eigentlich der Meinung: »Diese Lieder sind mies, das ist uns heute aber ausnahmsweise egal, wir machen trotzdem mit.« So hat mir das jedenfalls mal einer unserer Außendienstmitarbeiter aus Hamburg geschildert. Ein Blick in die Runde: Nein, es gibt Lieder, die in manchen Momenten einfach genau passen, dies ist so ein Lied, dies ist so ein Moment. Als nächstes läuft: »Zieh dich aus, kleine Maus, mach dich nackig.« – Ich freue mich auf zehn Uhr und Vicky und bin sogar dabei, als alle mitsingen und dabei ihre Gläser und Flaschen als »Mikrophone« benutzen; außer Sybille Gründler, sie steht in der Mitte, und alle zeigen beim Singen mit dem Finger auf sie. Zum Glück kommt sie dieser im Lied formulierten Aufforderung nicht nach. *Noch* nicht. Aber das ist eine andere Geschichte.

Endlich ist es kurz vor zehn. Ich schalte eine der Nachttischlampen an, dann gehe ich zum Hauptschalter neben der Ausgangstür.

Ich schalte das Oberlicht aus, alle jubeln, und Fritz Ritz ruft, wie zu erwarten war, laut: »Aaaah, im Dunkeln ist gut munkeln!« – Alle schauen zu ihm und lachen sich kaputt. Diesen Moment nutze ich und verschwinde unbemerkt aus dem Zimmer. Manöver geglückt – dank Ritz. Wofür die Eigenarten mancher Kollegen doch gut sein können.

Auf dem Weg nach unten frage ich mich, was ist der Unterschied zwischen einem Betriebsausflug und einer Klassenfahrt? Manche von uns sehen etwas älter aus, sonst gibt es keinen …

An der Bar habe ich schon ein halbes Bier getrunken und alle Erdnüsse gegessen, da erscheint Vicky. »Hast du dich *wegen mir* umgezogen?«, begrüße ich sie mit einer Frage, die gleich klären soll, wo die Frontlinie verläuft. »Mach dir keine falschen Hoffnungen«, ist Vickys Antwort, die mir zeigt, wo. Selbst in ihrer Ablehnung wirkt sie noch umwerfend charmant. Sie fragt: »Worüber möchtest du denn jetzt mit mir sprechen?« – »Also erst mal möchte ich mich entschuldigen …« Schon unterbricht sie mich: »Das hast du doch schon vorhin im Flur gemacht. Geschenkt. Glaub einfach nicht, dass zwischen uns noch irgendwas laufen wird. Solche Typen wie dich, die mich verarschen wollen, brauche ich nicht. Aber mich würde interessieren, warum du glaubst, nur mit Hochstapelei Frauen beeindrucken zu können.« Zögernd antworte ich: »Ich glaube nicht, dass ich nicht anders könnte, das war eher der Situation geschuldet. Außerdem dachte ich, so eine tolle Frau wie dich will ich *unbedingt* näher kennenlernen, und da …« Wieder unterbricht sie mich: »Das war nicht meine Frage. Und mit Schmeichelei kommen wir hier nicht weiter.«

Ich merke, dass ich an meine Grenzen stoße, und sage mir: »Dann muss Papi es richten.« Die Geschichten von meinem strengen Vater, die ich gerne auch noch gewaltig ausschmücke, haben mich in solchen Momenten schon oft rausgehauen. Mit leicht gesenktem Kopf und gedämpfter Stimme sage ich: »Weißt du Vicky, vielleicht hat sich da in meiner Kindheit etwas Falsches eingeschliffen. Mein Vater hat mich oft für die kleinsten Vergehen grün und blau geprügelt. Da habe ich irgendwann gelernt, im richtigen Moment zu lügen ... Und leider mache ich es manchmal auch im falschen Moment.«

Wortlos zieht sie ein Päckchen Taschentücher aus ihrer Handtasche und hält es mir mit ironischem Lächeln hin. Ich weiß damit nichts anzufangen. Sie sagt: »So, jetzt hast du aber genug auf die Tränendrüse gedrückt, oder? Ab einem bestimmten Alter ist es einfach nicht mehr sexy, sich auf seine ›schlimme Kindheit‹ zu berufen.« Ihr ironisches Lächeln ist verschwunden: »Selbst wenn es so war, wie du sagst, dann tut es mir zwar leid, wirklich, aber im Moment klingt es einfach nur nach dem Versuch, deine Großmäuligkeit zu legitimieren.« Ich bin sprachlos. Eine Frau, die mich mit drei Sätzen ausgehebelt hat. Ist an dieser Feststellung etwas Wahres dran? Bin ich etwa ein Großmaul? Ich fürchte: ja! Aber: Wie sieht dann ein Kleinmaul aus? Und: Wie kommen Kleinmäuler bei Frauen an?

Vicky fragt: »Bist du noch da?« Damit holt sie mich zurück aus dem Reich meiner Gedanken. Letzter Versuch, die Topstrategie, diesmal nehme ich die Wahrheit: »Vicky, es war so: An dem Tag, an dem wir uns getroffen haben, kam ich gerade von einem Vorstellungsgespräch. Stockhausen, unser größter Konkurrent, will mich als Vertriebschef haben. Wenn ich das Angebot annehme, bedeutet das für mich einen riesigen Karrieresprung. In der Euphorie darüber war ich, was meine aktuelle Situation angeht, wohl etwas ungenau.« Sie zeigt sich gänzlich unbeeindruckt. Ich gebe auf: »Dann danke für das Gespräch, Vicky. Ich glaube, ich gehe jetzt besser.«

Ich will gerade aufstehen, da schaut sie mich an und sagt überraschenderweise: »Nein, bleib. Wir trinken einfach noch einen. Vielleicht wollte ich ja auch an dem Abend ein bisschen belogen werden. Außerdem kenne ich niemanden hier außer dir. Und eine Frau, einsam an einer Hotelbar, das lockt doch sowieso nur wieder Typen *wie dich* an ... Prost!«

Dann sagt sie: »Wir können einfach noch ein bisschen hier sitzen und uns über weniger verfängliche Dinge unterhalten.« – »Ja, gerne!«, sage ich. Dann frage ich: »Was denn für Dinge zum Beispiel?« – »Na, zum Beispiel die Frage: Wie fandest du den Tag heute?« Ich setze eine ernstere Miene auf: »Na ja, ich würde sagen …, also ganz vorsichtig ausgedrückt …, so ehrlich wie möglich … *Du* warst umwerfend!« – »Mit dir ist aber auch kein vernünftiges Gespräch möglich, oder?«, fragt sie. Ich entgegne: »Das heißt, du willst noch mehr hören, nicht wahr?« Sie nickt. Also berichte ich ausführlich, wie bezaubernd sie sich vorgestellt hat, wie brillant und geistreich sie die Aufgaben formuliert hat, wie sensibel und individuell sie auf jeden eingegangen ist …

Prüfend schaue ich sie an, sie sagt: »Lüg weiter, Pinocchio, bitte, das macht Spaß!« Wenn sie wüsste, wie ehrlich ich das alles gemeint habe, genau so, wie ich es gesagt habe. Aber gut, Kritik kann ich auch: »Also, den Holzt brauchst du nicht so ernst zu nehmen. So ausführlich hättest du auf sein Marketing-Gequatsche beim Abendessen nicht einzugehen brauchen. Der macht doch nur den Dicken.« Sie fragt: »Ach, und du meinst, ich merke das nicht selber?« Ich: »So, und warum muss man dann im Sekundentakt mit dem Kopf nicken, während er spricht?« Rückfrage: »Habe ich das?« Ich wieder: »Allerdings!« – »Hmm… da habe ich wohl noch überlegt, wie ich am besten damit umgehe, *dich hier* zu treffen. Und wie ich dir am besten um die Ecke sage, was für ein verlogener Scheißkerl du bist. Es ist aber auch unglaublich, dass wir uns hier wiedertreffen, oder? Und das nur, weil mein Kollege krank geworden ist. Wenn man das in einem Buch lesen würde, man würde es nicht glauben, oder?« Zum ersten Mal, seit wir hier sind, lachen wir herzlich miteinander.

Danach sorgt sie sofort wieder für Klarheit und sagt: »Aber bilde dir bloß nicht ein, dass ich dir schon verziehen hätte und wir hier im Hotel da weitermachen, wo wir bei mir zu Hause aufgehört haben.« Ich sage: »Ich habe keine Sekunde an diese Möglichkeit gedacht … Wie ist deine Zimmernummer?«

»Träum weiter!«, ist alles, was sie entgegnet. Dann wechselt sie das Thema: »Sag mal, ich habe während des Workshops dich und deine Gruppe beobachtet. Hattet ihr nicht zuerst einen anderen Leitgedanken beschlossen?« – »Nein, das war nur der Testlauf. So'n blödes Thema von der doofen Alvarez kann man wohl kaum ernst nehmen.« Sie fragt: »Aber hattet ihr nicht darüber abgestimmt, und sie hatte gewonnen?« – »Ja schon …«, sage ich wegwerfend. Sie wieder: »Du hast dein Ding also gnadenlos durchgedrückt, weil du der Vorgesetzte bist!?« Ich versuche zu erklären: »Wenn man denen nicht sagt, wo's langgeht, dümpeln die doch nur in ihren Privatproblemchen herum. Ich bin's einfach gewohnt, den Überblick zu bewahren. Schließlich geht es ja um ein Firmenleitbild.«

Sie scheint entsetzt zu sein. Dann fasst sie sich und sagt völlig kalt: »Du bist ja noch ein größeres Arschloch, als ich sowieso schon dachte. Du hältst dich wohl für viel besser als alle anderen, was? Warum eigentlich? Weil du ihr Vorgesetzter bist? Ist dann Plech noch viel toller als du, weil er dein Vorgesetzter ist? Und du darfst alle Untergebenen für unmündig erklären? Und Plech darf dich für dumm verkaufen? Weil er dein Chef ist?« Nachdem ich wieder atmen kann, antworte ich: »Moooment, das habe ich doch alles gar nicht gesagt!?« Sie kontert: »Oh doch! Nur mit anderen Worten!«

Ich sehe mich gezwungen, mich zu rechtfertigen: »Vicky, ich verbringe jeden verdammten Werktag mit denen. Glaub mir, die sind einfach alle nicht so helle wie du und ich.« Das hat auch nicht funktioniert, man sieht es ihr an. Beinahe angewidert sagt sie: »Das ist ja eine katastrophale Einstellung für eine Führungsperson. Wenn du mein Chef wärst, würde ich dir zeigen, wo's langgeht!« – »Von dir würde ich mir ja auch zeigen lassen, wo's langgeht!«

Jeder Versuch, Charme in dieses Gespräch zu bringen, scheitert, sie ist einfach unerbittlich. »Was, denkst du denn, hebt dich so dermaßen über deine Kollegen hinaus?« Dazu kann ich etwas sagen: »Charme, Geist, Humor, Durchsetzungsvermögen, Esprit, Weitblick, Führungsstärke, Mut, Eloquenz, Ausstrahlung, Charisma, Klasse, gutes Aussehen und vor allem endlose Bescheidenheit … um nur die offensichtlichsten Eigenschaften zu nennen. Im Verborgenen gibt es noch ganz andere. Wenn wir uns besser kennenlernen, wirst du die auch noch entdecken.«

Sie gähnt demonstrativ, aber ich bemerke, dass sie dabei ein Lachen unterdrücken muss. Ich bin wieder auf dem aufsteigenden Ast. Denke ich jedenfalls, aber noch ist sie nicht ganz durch mit dem Thema. »Also, Charme und Humor lasse ich gelten«, räumt sie ein, »aber ganz so leicht kommst du nicht raus aus der Nummer. Meinst du nicht, dass du dich einfach mal ein bisschen mehr auf deine Kollegen einlassen könntest? Auch wenn manche vielleicht nicht deine Klasse, deinen Esprit, deine Geistesschärfe, deinen Weitblick, dein Durchsetzungsvermögen und wer weiß, was noch haben? Jeder von ihnen hat vielleicht etwas, was du nicht hast.«

Ich frage: »Was denn wohl?« Sie: »Wie wäre es zum Beispiel mit Herz!? Das scheint dir ja komplett abzugehen.« Ich denke: »O Gott, so was kann nur eine Frau sagen. Was antwortet man da? Und vor allen Dingen: Was antwortet man da, wenn sie recht hat?«

Ich fühle mich unwohl, und sie scheint es zu bemerken. Sie fragt: »Haben die in dieser blöden Bar keine Erdnüsse mehr?« – »Sorry, die habe ich schon alle gegessen, als ich hier auf dich gewartet habe. Wahrscheinlich war ich nervös. Dabei wusste ich noch gar nicht, dass ich so viel Grund dazu bekommen würde … Du lässt ja kein gutes Haar an mir …« Nun winkt sie ab. »Lass mal gut sein«, lächelt sie milde, »ich glaube, für heute habe ich dir genug Hausaufgaben aufgegeben, oder?« – »Allerdings, Frau Lehrerin!«

So geht der Abend dahin. Wir gehen alle meine Kollegen noch mal einzeln durch, ich gnadenlos, sie übersetzt meine Wort ins Herzliche – Herzlichkeit als Fremdsprache, sozusagen. Ich bin überrascht, mit wie viel Wohlwollen man seine Mitmenschen auch betrachten kann. Und bei Vicky ist es nun wirklich keine Frage von Naivität – dazu steht sie viel zu fest auf dem Boden der Tatsachen. Aber Wohlwollen ist ja schön und gut, nur, wie *ich* auf die Menschen blicke, macht es doch viel mehr Spaß! Außerdem, wer weiß, wie lange ihre Güte anhalten wird. Zwei Tage mit den Konsorten hat sie ja noch vor sich …

Da werden wir abgelenkt: Die Japaner erobern die Bar! Und sie haben doch tatsächlich eine transportable Karaoke-Anlage dabei! Gleich werde ich Vicky von einer meiner Stärken überzeugen, die ich vorhin in meiner bescheidenen Aufzählung noch unterschlagen habe. Vielleicht lassen sie uns ja mitmachen, dann wird sie aber staunen. Erst nehmen wir noch einen Drink (ich überlege kurz, der wievielte das heute ist – im Bus fing es an, dann vorhin, als ich die Party mit angeheizt habe, gerade, als ich auf Vicky gewartet habe, und jetzt schon der zweite mit ihr gemeinsam – verrückt, ich merke gar nichts, was für ein Tag!), dann frage ich höflich den Japaner, der Plech in seinem Auftreten am nächsten kommt, also wahrscheinlich der Chef der Karaoke-Bande ist, ob wir mitmachen dürfen. Wir dürfen! Die Japaner freuen sich riesig, wir auch. Stunden später stehe ich mit Vicky auf dem Tresen, die Krawatte um die Stirn gebunden, wir singen im Duett:

Saying something stupid like
I LOOOVE YOU,
I LOOOVE YOU,
I LOOOVE YOU …

Herrlich! Sie hat Romantik, ich habe Spaß, aber so richtig! Die Japaner sind auch völlig aus dem Häuschen! Auf dem Rückweg vom Klo denke ich: »Da geht wieder was mit Vicky, da geht was! Jetzt dranbleiben und die finale Versöhnung einleiten. Du arbeitest im Vertrieb. Du bist abschlussorientiert.« Ich sage zu ihr: »Frau Lehrerin, müssen wir nicht langsam vernünftig sein? Es ist ein Uhr. Frau Tagungsleiterin und Herr Herzlos sollten langsam mal an die nächtliche Regeneration denken, oder wie sehen Sie das, Frau Belehrungsministerin?« Sie kontert: »Wie weise von Ihnen, Herr Arsch.« Ich frage: »Wollen wir noch ein Stück des Wegs gemeinsam gehen?« Sie antwortet: »Sehr gerne …, selbstverständlich …, bis zu meiner Zimmertür.« Ich sage: »Genau. Und dann sehen wir weiter.« Sie wieder: »Sie können sich dann noch weiter meine Tür von außen ansehen, aber mehr auch nicht.«

Wir verabschieden uns tausendfach von den japanischen Geschäftsleuten, dann machen wir uns auf Richtung Bett. Vor Vickys Zimmertür stelle ich fest, dass sie es wirklich ernst meint, und Nein in diesem Fall auch wirklich Nein bedeutet. Selbst als ich noch mal leise »Saying something stupid like I looove you ...« anstimme, lächelt sie zwar, aber schüttelt dabei den Kopf. Schade, sehr schade. Also runter zu meinem eigenen Zimmer, ich hoffe nur, dass die Party dort zu Ende ist. Erst sieht es gut aus, es dröhnt keine Musik mehr durch die Tür, die Gäste scheinen gegangen zu sein. Um Wiegärtner nicht zu wecken und ihn damit zu ermuntern, mich vollzuquatschen oder, noch schlimmer, auszuquetschen, öffne ich sehr, sehr leise die Tür ...

Wäre dies eine Fernsehreportage, würde das Folgende verpixelt, mit schwarzen Balken vor Augen und anderen Körperteilen unkenntlich sowie der Ton durch Pieptöne jugendfrei gemacht. Leider steht diese Möglichkeit der menschlichen Natur nicht zur Verfügung: Augen sehen, was sie sehen, Bilder und Worte brennen sich ins Hirn ... Ich sage nur so viel: Wiegärtner zusammen mit Sybille Gründler, beide splitternackt, nur im schwachen Schein der Nachttischlampe, die ich selbst vor Stunden angeschaltet habe, was ich nun sehr bereue. Ihre Körper so ineinander verknäuelt, wie es die Natur nicht vorgesehen hat, sämtlichen Regeln sowohl der Physik als auch des guten Geschmacks spottend! Dazu stöhnt die Gründler in herrischem Ton: »Ja, Manuel, besorg's mir ordentlich mit deinem Power-Tower!«

> Wie reagieren Sie auf diese unangemessene und von Ihnen nicht genehmigte Benutzung Ihrer Betriebsausflugsschlafstätte?
> A – Höllenregel 4: Denken Sie an Goethes letzte Worte: »Mehr Licht!«
> B – Höllenregel 2: Wahren Sie innerlich Distanz und halten Sie räumlich Abstand!
> C – Höllenregel 7: Bewahren Sie sich im Umgang mit Kollegen stets eine beschreibende Außenperspektive!

Sofort schließe ich die Tür, aber zu spät. Ich werde dieses Bild nicht so leicht wieder aus dem Kopf bekommen. Am liebsten würde ich sofort morgen bei Stockhausen anfangen, dann müsste ich die beiden nie wieder sehen …

Da habe ich schon das nächste Problem am Hals: Wo soll ich heute Nacht schlafen? Die einzige Person, die mir einfällt, hat mir gerade noch mit einem sehr deutlichen Nein die Tür vor der Nase zugeschlagen. Hilft nichts. Ich muss noch mal bei Vicky klopfen. Aber wie war noch mal ihre Zimmernummer? 323 oder 325? Mist! Ich glaube 323. Ich klopfe, es scheint die richtige Tür zu sein, nach wenigen Sekunden höre ich Schritte. Leise und langsam öffnet sie sich: Vor mir steht die Clausen! In ihrem knöchellangen Nachthemd, auf dem kleine Engel zu sehen sind, die auf Wolken sitzend Sterne angeln, fragt sie: »Ach, Sie sind es Herr Schmitt, ich dachte, es wäre die Sybille. Sie hat ihre Türkarte nicht dabei.« Ich habe den Eindruck, dass sie nicht ganz nüchtern ist. Lallend fragt sie: »Was wollen Sie eigentlich?«

»Äh … ich … hm … wollte mich bedanken …« – »Wofür denn, Herr Schmitt?«, fragt sie erwartungsvoll. Ich stammle weiter: »Tja, also …, äh … für, äh …, dafür, dass Sie sich für mich entschieden haben!« Ich erschrecke über meine eigenen Worte und ergänze: »Ich meine natürlich heute Nachmittag, bei der Abstimmung!«

Mit ihrer typischen wegwerfenden Handbewegung sagt sie: »Ach, das ist doch selbstverständlich. Ihnen kann man einfach nichts abschlagen.« – »Gut, nun, da wir das geklärt haben, gehe ich mal wieder, entschuldigen Sie bitte noch einmal die Störung.« – »Herr Schmitt?« – »Ja?« – »Darf ich Sie mal um etwas bitten?« Ich: »Ja, klar, nur heraus damit!« Sie: »Sehen Sie mich an!« Ich: »Bitte?« Sie: »Ich wurde heute auf einer Raststätte vergessen wie ein Regenschirm. Wissen Sie, was das für eine Frau bedeutet? Was bin ich für Sie?«

Wie reagieren Sie auf diese … diese … diese … Ich bin sprachlos.

A – Höllenregel 4: Denken Sie an das alte Goethe-Zitat: »Mehr Licht!«

B – Höllenregel 13: Erst das Schlimmste ausmalen, dann herunter-schrauben. Dann wirkt jede weitere Nachricht wie eine Erleichte-rung!

C – Höllenregel 5: Verlassen Sie den Täterstatus und zelebrieren Sie sich als Opfer!

»Sie sind … Also für mich … Ich sehe Sie als … Bei Ihnen er-kenne ich … Ich nehme wahr …«

Sie schließt langsam die Tür, ich lehne mich an die Wand und atme tief durch. Wie peinlich! Ist das wirklich passiert? O mein Gott! Was muss sie von mir denken?

Egal, abhaken, Schmitty! Wie heißt es bei Fußballer-Interviews immer? »Mund abwischen und weiter!« Du hast ein ganz anderes Problem: Schlafen. Die richtige Zimmernummer muss 325 sein. Ich klopfe, und Vicky öffnet. Ihre Reaktion ist wie erwartet, sie glaubt erst mal kein Wort. Ich bestehe darauf: »Doch, es ist so! Zwei aus meiner Gruppe poppen gerade in meinem Zimmer! Da kann ich nicht schlafen! Von wollen ganz zu schweigen!« Sie sieht es schließ-lich ein, und so darf ich wenigstens auf ihrer Couch übernachten. Da liege ich nun, schon wissend, dass ich morgen üble Rückenschmer-zen haben werde. Ich frage mich, ob ich überhaupt einschlafen werde. Vickys Bett sieht von hier aus sehr bequem aus. Aber wie sollte ich ihr erklären, dass ich darin wirklich nur schlafen wollen würde? Das kann ich vergessen. Mist. Kurz denke ich an Biggy – die hätte da keine langen Faxen gemacht … Allerdings habe ich das Ge-fühl, dass Vicky und ich uns nach unserem zweiten gemeinsamen Abend jetzt schon deutlich näher sind als Biggi und ich nach Jahren als Kollegen und Zwischendurch-Affäre … Andererseits nennt Biggi mich nie »Herr Arsch« oder »Pinocchio« … Das Leben kann aber auch kompliziert sein … Mit diesen Gedanken wälze ich mich noch ein paarmal von rechts nach links.

Dann schlafe ich endlich ein. Ich träume von Wiegärtner und

Gründler. Allerdings kamen in meiner Phantasie noch einige Details dazu, die ich hier nicht niederzuschreiben brauche, da sie sowieso vom Verlag oder von der Bundesprüfstelle für jugendgefährdende Schriften gestrichen oder geschwärzt würden … und zwar zu Recht! Denn in meinem Traum wuchs sich das Ganze zu einer wahren Orgie aus, es kam noch Hausmeister Schmidtbauer mit seinem überlangen Zollstock dazu. Er trug ein knöchellanges Nachthemd mit sternenangelnden Engeln. Dann erschienen Siegfried und Roy mit ihrem Leopardenfell sowie unser Wissenschaftler Dr. Rink. Was der aber mit seiner »Arretierung auf Saugbasis mit Unterdruck« in meinem Traum mit Wiegärtner machte, war wirklich mehr als jugendgefährdend … Obwohl Wiegärtner ganz glücklich dabei aussah … O Gott! Für so etwas wurde das Wort »Alptraum« erfunden!

Dementsprechend gerädert wache ich am nächsten Morgen auf. Vicky sieht schon aus wie aus dem Ei gepellt, als sie mich mit einem Orangensaft aus der Minibar in der Hand weckt. »Willst du bei mir duschen oder drüben bei dir?« Schon ihre erste Frage überfordert mich, ich fühle mich furchtbar. Dann entschließe ich mich, das Angebot anzunehmen, auch ihre Zweitzahnbürste nehme ich gerne. Zu mir ins Zimmer will ich jetzt auf keinen Fall, am Ende ist die Gründler noch da. Nach meiner Dusche verlassen wir gemeinsam das Zimmer Richtung Frühstücksraum. Kaum vor der Tür, kommt Fritz Ritz daher. Super! Vicky realisiert die Situation zuerst und stammelt: »Vielen Dank, Herr Schmitt, für die … Unterlagen, die Sie mir gebracht haben. Die hatte ich doch tatsächlich gestern liegen lassen … Es hätte zwar auch Zeit gehabt, bis wir uns unten sehen, aber danke, dass sie mir die … äh … Unterlagen extra ins Zimmer gebracht haben …«

Netter Versuch, nur leider sinnlos. Fritz Ritz grinst verschmitzt von Ohr zu Ohr und verschwindet Richtung Frühstücksraum. Diese Lüge hat er nicht geglaubt, stattdessen glaubt er eine andere Unwahrheit: Dass zwischen Vicky und mir letzte Nacht etwas gelaufen wäre. Und wenn er es glaubt, bin ich mir sicher, werden es heute Mittag alle Kollegen wissen …

Aber da fällt mir etwas auf! Ich frage Vicky: »So, das ist also Deine Vorstellung von Ehrlichkeit!? ›Danke für die Unterlagen!‹ – Pfff! Vielen Dank für den Unterricht, Frau Lehrerin!« Prompt erwidert sie: »Danke dir, dass du mich überhaupt in diese Situation gebracht hast!« Für einen kurzen Moment schauen wir uns ernst an. Kracht es jetzt? Nein – wir müssen beide lachen! Dann küsst sie mich auf den Mund – ich bin völlig perplex! Da dreht sie sich auch schon um und sagt nur noch über die Schulter: »Dann auf in den Kampf!« Weg ist sie.

Mein Rücken tut weh, ich habe derbe Kopfschmerzen, kaum geschlafen, und die Hälfte meiner Kollegen wird denken: »Was ist das nur für ein Schmalspur-Gigolo, der muss es ja nötig haben!? Der nimmt auch alles mit, was nicht bei drei auf dem Baum ist.« Und dergleichen Phrasen und Kleingeistereien mehr … Egal – VICKY HAT MICH GEKÜSST! Das wird ein spitzenmäßiger Tag!

Als ich kurz nach Vicky den Frühstückssaal betrete, scheinen alle bester Laune zu sein. Keiner spricht mich auf meine Abwesenheit bei unserer Zimmerparty an. Niemand hat mich vermisst. Auch mein nächtlicher Aufenthalt bei Vicky scheint noch nicht durchgedrungen zu sein. Selbst Gründler und Wiegärtner sind kein Thema beim Frühstück. Entweder haben sie alle nichts mitbekommen, oder sie sind doch diskreter und erwachsener, als ich dachte. Da ich mich nicht an den Tisch mit Plech und Holzt gesellen möchte, weil dort schon Vicky sitzt, setze ich mich an den Tisch mit Schmidtbauer, Dr. Rink und Frau Clausen. Mich alleine an einen freien Tisch setzen, kann ich wohl kaum, so gerne ich das im Moment möchte. Schließlich werden wir gleich an *meinen* »Kantinenregeln« weiterarbeiten, in denen es ja explizit darum geht, dass man gemeinsam an einem Tisch sitzen soll.

Während des Frühstücks versucht Frau Clausen mehrmals erfolglos, eine Kellnerin an den Tisch zu rufen, sie wird einfach nicht bemerkt. »Na ja, die belebende Wirkung von Kaffee wird ohnehin überschätzt«, sagt sie in meine Richtung, aber ich ignoriere sie. Ich möchte mir meine Laune nicht von ihr verderben lassen, genauso wenig wie von Dr. Rink, der Schmidtbauer den Zusammenhang zwischen Ausgelassenheit, Alkohol, räumlicher Enge und Sauerstoffmangel anhand chemischer Formeln erklären möchte. Ich kann schon nach dem dritten Satz nicht mehr folgen.

Da steht Wiegärtner von seinem Platz vom Nachbartisch auf und kommt zu mir herüber. Linkisch beugt er sich zu mir herunter und flüstert: »Guten Morgen, Herr Schmitt.« Ich kann mich kaum auf seine Worte konzentrieren, er hat etwas Senf im Mundwinkel. Er spricht weiter: »Also, wegen gestern Abend oder vielmehr heute Nacht, das tut mir wirklich leid. Ich glaube, da sind die Pferde mit uns durchgegangen.« – »Mit uns?«, frage ich verblüfft. Er klärt auf: »Nicht mit Ihnen und mir, sondern mit der ... äh, Kollegin und mir. Ist mir alles sehr, sehr peinlich ...« Das wäre es mir an seiner Stelle auch. Dann will er wissen: »Wo sind Sie denn dann untergekommen? Unser Hotel ist ja überbucht!?« Sein Blick wandert zur neben mir sitzenden Clausen. Ich möchte nicht darüber sprechen und wiegele ab: »Alles gut, machen Sie sich keine Gedanken. Und wenn Sie mir einen Gefallen tun wollen, sprechen Sie mich einfach nie wieder darauf an.« Das war deutlich. Nach kurzer Irritation sagt Wiegärtner: »Ja dann, nichts für ungut!« Und geht zurück an seinen Platz. Die Clausen schaut krampfhaft an mir vorbei.

Nach dem Frühstück gehe ich Richtung »Jörg«. Als ich den Raum betrete, sehe ich, wie die Alvarez wild gestikulierend auf Vicky einredet – als sie mich wahrnimmt, spricht sie plötzlich leiser – oh, oh! Da ist was im Busch! Dann kommt Vicky, wieder ganz professionell, auf mich zu und teilt mir in sachlichem Ton mit, dass Frau Alvarez lieber in die Gruppe »Wertschätzung« wechseln möchte. Das Thema interessiere sie mehr, und sie fühle sich in dieser Gruppe auch besser aufgehoben. Bumms! Hat die blöde Kuh sich doch schon wieder hinter meinem Rücken über mich beschwert. Langsam geht sie mir aber wirklich auf die Nerven! Auf die Art wird es mit meiner Wertschätzung ihr gegenüber eher noch enger. Ich antworte: »Das ist ja schade, dann haben wir eine starke Mitstreiterin verloren. Ob wir das kompensieren können, Frau Bellinghausen?« Vicky lächelt, ich setze mich zu den anderen.

Dann beginnt sie, den heutigen Workshop anzumoderieren: »Liebes Team, darf ich um Ruhe bitten?« Ritz ruft: »Ja, bitten darfst du!« – Ein Lacherfolg! Danach ist Ruhe. Vicky hebt an: »Gestern waren Sie ja schon sehr konstruktiv aktiv, und alle Gruppen haben ihr Thema gefunden. Das ›Was‹ ist also geklärt, jetzt geht es um das ›Wie‹.« Zum ersten Mal fällt mir auf, das Vicky eine leichte S-Schwäche hat, man kann das stimmhafte vom stimmlosen S bei ihr kaum unterscheiden – wie süß! Wie konnte mir das bisher nur entgehen? Fand ich sie trotzdem oder gerade deswegen so bezaubernd? Ich weiß es nicht, ich weiß nur: Bei ihr ist alles scharf, sogar das S …

Genug geträumt, jetzt lässt Vicky die Katze aus dem Sack: »Bitte entscheiden Sie in Ihrer Gruppe, in was für einer Kunstform Sie Ihr Thema präsentieren möchten. Zum Beispiel als Musical, als Gedicht, als Pferdedressur oder was auch immer Ihnen einfällt.« – »Pferdedressur … hohoho!«, schallt es aus der Gruppe zurück. Sie spricht weiter: »Wundern Sie sich nicht. Der Gedanke, vor den Kollegen etwas Künstlerisches darzubieten, löst im Normalfall Fluchtreflexe aus, das ist ganz natürlich. Aber bedenken Sie: Da diese Aufgabe alle haben, geht es Ihnen allen gleich.« Wir lauschen gespannt. »Also, jetzt ran an die Teamarbeit, sich auf die Kunstform einigen, in einer halben Stunde gehe ich herum, und Sie sagen mir, worauf Sie sich geeinigt haben. Danach haben Sie zwei Stunden Zeit, um Ihre Performance zu entwickeln und einzustudieren. Die Gruppe von Herrn Plech braucht nicht den Raum zu wechseln, er ist der Chef, und irgendwelche Privilegien muss es ja geben …«

Falls das ein Witz von ihr ist, zündet er diesmal nicht, dafür war er viel zu nah an der Realität. »Die Gruppe ›Wertschätzung‹ geht in Raum ›Hermann‹ und die Gruppe ›Kantinenregeln‹ in den Raum ›Joseph‹. Viel Erfolg Ihnen allen!«

Sofort beginnt in unserer Gruppe die Diskussion. Ritz: »Eine Büttenrede, das ist doch klar! Ich komme aus Nordrhein-Westfalen, damit kenne ich mich aus. Nach jeder Pointe spielen wir einen Tusch ein, dann brauchen wir nur ganz wenig Text, aber trotzdem kriegen wir die Zeit um, und außerdem wird es ein Riesenbrüller!« Ich glaube, er ist wirklich darüber verwundert, dass niemand auf die Idee anspringt. Im Gegenteil – alle wenden sich ab. Da bin ich aber mal beruhigt. Ich spreche es aus: »Sorry, Herr Ritz, aber wenn man nicht aus so einer Karnevalshochburg stammt wie Sie, hat man Büttenreden gegenüber so seine Vorbehalte. Dafür finden Sie hier leider keine Mehrheit.« Die Kollegen nicken. Ritz scheint vorerst die Lust auf Witze vergangen zu sein – das ist doch positiv.

Ich frage: »Andere Vorschläge?«, um über meine eigene Ideenlosigkeit hinwegzutäuschen. Da sagt überraschenderweise die Clausen etwas: »Wenn doch nur die Frau Hinkel in unserer Gruppe wäre ...« – »Wieso das denn?«, nimmt Schmidtbauer mir die Worte aus dem Mund. »Na, die kann doch so schön rappen. Wissen Sie noch, an Ihrem Geburtstag? Das war doch schön, oder, Herr Schmitt?« Ich mache nur »Hmm«, und schon das ist gelogen. Da ist Ritz wieder dabei: »Ja, super, ein Rap ist ja auch fast so etwas wie eine Büttenrede!« – »Wie bitte?«, frage ich verblüfft. »Na, das reimt sich doch auch. Nur, dass da noch Musik druntergelegt ist. Und können tut das jeder. Haben Sie die Texte von diesem Bushodo schon mal gehört?« Schmidtbauer versucht zu korrigieren: »Sie meinen wohl Bishudo oder Bischof?« – »Von mir aus!«, gesteht Ritz zu. Wir schütteln die Köpfe. Nein, von dem haben wir noch nichts gehört. Ritz besteht darauf: »Was der macht, das kann jeder!« Jetzt sind sich alle einig außer mir: Frau Hinkel müsse gebeten werden, in unsere Gruppe zu kommen, schließlich sei sie unsere »Firmenpoetin«. Ausgerechnet ich werde auserkoren, sie rüberzubitten.

Als ich mich gerade dagegen verwahren möchte, kommt Vicky plötzlich in den Raum. »Natürlich, ich frage mal die Frau Hinkel, ob sie nicht bei uns mitmachen möchte«, sage ich innerlich zerknirscht, meinen Widerwillen nach Kräften verbergend, und gebe mich nach außen besonders engagiert. Was tut man nicht alles ... Leider ist die Hinkel tatsächlich begeistert von der Idee: »Oh, ein selbstgeschriebener Rap, toll! Poesie ist doch mein Steckenpferd! Dann waren Sie damals von meinem Geburtstagsgeschenk ja doch viel begeisterter, als ich dachte.« – »Hmm«, lüge ich schon wieder, aber mehr bringe ich zunächst auch nicht heraus. »Wie bitte, ich habe Sie nicht verstanden, Herr Schmitt?« Alle aus ihrer Gruppe und Vicky starren mich jetzt an und warten auf meine Antwort. Ich nehme mich zusammen und bringe hervor: »Liebe Frau Hinkel … Ich fand Ihr gerapptes Gedicht zu meinem Geburtstag GANZ, GANZ TOLL. Wirklich. Dass Sie solch verschreckende Talente … äh … versteckte Talente in sich … Also, kurz und gut: Kommen Sie mit oder nicht? Sie müssen auch nicht.« Das genügt ihr, sofort sagt sie sich von ihrer Gruppe los, ich habe den Eindruck, die Stimmung in ihrer Arbeitsgruppe ist eh nicht so prächtig – nun habe ich sie an der Backe. Und mein Bedarf an Selbstverleugnung ist für dieses Jahr gedeckt. Und für das nächste auch.

Alle sind begeistert davon, dass ich die Hinkel zu uns geholt habe. Nachdem wir sie kurz mit dem Thema vertraut gemacht haben, verteilt sie sofort Zettel und Stifte. Sie nimmt wie selbstverständlich das Heft in die Hand: »Ich schlage vor, ein einfacher 4/4-Rap mit 98 Beats per Minute, vier Zeilen in der Strophe und vier kürzere in der Hookline!« – »Respect!«, sagt Ritz und spricht es englisch aus, »mit Musik kennen Sie sich wohl auch aus!« – »Ja, da habe ich auch mal einen Volkshochschulkurs gemacht, vor dem Poesiekurs. Wirklich erstaunlich, wie schnell man da Erfolge erzielen kann! In kürzester Zeit haben wir eigene Songs geschrieben und vorgeführt. Jetzt verbinde ich beides miteinander und trage meine Gedichte immer als Rap vor.« Mir graut schon jetzt vor dem Ergebnis, aber die anderen sind ganz begeistert. Sie sei »unsere Frau«. Sie besteht aber darauf: »Alleine performen werde ich nicht. Wenn, dann müssen alle mitmachen. Ich schlage vor, ich bin für die Strophe verantwortlich, aber alle zusammen machen die Hookline.« Ich habe keine Ahnung, was eine Hookline ist, aber die Blöße, sie zu fragen, gebe ich mir nicht. Schmidtbauer kennt da keine Skrupel, und so erfahren wir, dass damit der Refrain gemeint ist. Da hätte ich auch selber draufkommen können.

Dann teilt die Hinkel uns folgendermaßen auf: Sie selbst erarbeitet alleine die Strophe, zwei Zweiergruppen sammeln Ideen in

Reimform für die Hookline. Die eine Zweiergruppe besteht aus Ritz und Schmidtbauer, die zweite dementsprechend aus der Clausen und mir. Sie sehen, heute lasse ich mich auf alles ein, Vicky kann mir heute Abend wirklich nicht vorwerfen, dass ich mich in der Arbeitsgruppe wieder hierarchisch verhalten hätte. Wenn sie mir vorwirft, ich sei kein Teamplayer, dann weiß ich wirklich nicht mehr weiter!

Ich versuche anzufangen und dabei die Clausen wohlwollend in den Prozess zu integrieren: »Na, Frau Clausen? Haben Sie schon eine Idee?« – »Ach wissen Sie, für so etwas habe ich keine Talente …« Das hätte sie mir nicht zu sagen brauchen, ich habe nichts anderes erwartet. Ich entgegne so bescheiden wie mir möglich: »Ich doch auch nicht. Aber es hilft ja nichts, da müssen wir zwei jetzt durch, nicht wahr?« – »Ach!«, winkt sie ab. Das kann ja heiter werden.

Wirklich heiter ist es schon in der anderen Zweiergruppe: Ritz ist wieder so »witzig drauf« wie üblich und steckt sogar Schmidtbauer mit seiner Fröhlichkeit an. Tatsächlich scheinen sie auch etwas Brauchbares zu Papier zu bringen. Das macht mir meine missliche Lage noch deutlicher und zieht meine Stimmung weiter runter. Da sagt die Clausen auch noch: »Wenn ich daran denke, später vor den anderen singen zu müssen, möchte ich jetzt schon im Boden versinken.« Wenn sie es doch täte, am besten sofort. Also nicht singen, sondern im Boden versinken, natürlich! Mich würde es nicht stören, im Gegenteil. Ich sage aber nichts. Nicht mal mehr zu einer halbherzigen Aufheiterung, die zwangsläufig eine Lüge wäre, bin ich noch in der Lage, so deprimiert hat sie mich jetzt schon. Gedankenverloren zeichne ich langsam, sehr langsam und detailliert etwas auf das leere Papier: einen Galgen. Mit Strick.

Würde nicht Vicky irgendwann hereinkommen und fragen, wie es bei uns läuft, vielleicht würden die Clausen und ich für immer so dort sitzen … Aber so bin ich gezwungen, etwas zu antworten, und sage: »Toll! Es läuft toll! Wir sind gerade noch in der Findungsphase, aber voll im Flow, nicht wahr, Frau Clausen?« Wortlos starrt die aus dem Fenster, ich decke mit der Hand die Zeichnung auf meinem

Zettel ab. Vicky hebt nur eine Augenbraue und geht weiter zu Ritz und Schmidtbauer. Deren bisheriges Ergebnis findet sie schon sehr erfreulich. Auch was die Hinkel in der Zwischenzeit produziert hat, gewinnt ihr vollstes Wohlwollen. Dann geht Vicky weiter zur nächsten Arbeitsgruppe im Nachbarraum. In dem Moment fragt die Hinkel, für meine Begriffe deutlich übermotiviert: »So, ihr Lieben, wie sieht es aus? Will mal jede Gruppe ihre Ergebnisse vorstellen?«

Das lässt sich Ritz nicht zweimal sagen: »Herr Schmidtbauer, sind Sie so weit?« Der wiegelt ab: »Ja bin ich, aber machen Sie das mal.« – »Gerne, also: Ladies and Gentlemen, Mesdames et Messieurs, hier unser Ergebnis, bitte anschnallen und Türen schließen!« Nach dieser mehr als überflüssigen Einleitung legt Ritz los mit seinem Rap. Schon halb gesungen und sich im Rhythmus wiegend gibt er Folgendes zum Besten:

Bring deinen Brei.
Hier ist noch was frei.
Komm, sei dabei.
Don't be so shy!

Die Hinkel platzt heraus: »Ja, SUPER! Etwas kurz, aber absolut auf den Punkt! Und diese Alliteration ›bring‹ deinen ›Brei‹ – ZUCKER! Hab ich's nicht gesagt? Nach kürzester Zeit erzielt man schon die tollsten Ergebnisse!« Ritz fügt hinzu: »Das ist auch längst nicht alles, wir hatten noch viel mehr! Aber dann haben wir das meiste weggestrichen und nur das Beste übrig behalten.« Die Hinkel doziert: »Aber genau so macht man es doch! Erst Überfluss produzieren und dann nur das Beste stehen lassen. Herr Ritz und Herr Schmidtbauer, Sie beiden sind ja richtige Naturtalente.«

Ich denke nur: »NATURTALENTE!? DAS BESTE ÜBRIG LASSEN!? Was bitte haben sie denn weggestrichen?! ›Hier ist noch was frei, komm, sei dabei …‹« – Das kann doch alles nicht wahr sein! Als ich gerade dabei bin, mich so richtig in Rage zu denken, spricht mich die Hinkel direkt an – sofort fühle ich mich ertappt. »Herr Schmitt und Frau Clausen, Sie haben doch sicherlich auch etwas

Schönes, oder?« Die Clausen starrt immer noch stumm aus dem Fenster, also bin ich gezwungen, etwas zu sagen. Peinlich berührt muss ich zugeben: »Äh … wir haben …« Da fällt sie mir schon ins Wort: »Nun mal nicht so bescheiden, nur heraus damit!« Ich sage: »Wir haben … nichts.« Sie fragt: »Sie meinen ›nichts‹ im Sinne von ›noch nicht ganz perfekt‹, oder? Das macht doch nichts. Gut, Herr Ritz und Herr Schmidtbauer haben die Latte jetzt sehr hoch gelegt, das wird kaum zu toppen sein. Muss es aber auch nicht. Jeder, wie er kann. Also, was haben Sie denn nun geschrieben?« Leicht gereizt erwidere ich: »Wie ich schon sagte: Nichts. Und zwar im Sinne von NICHTS. Null NICHTS. Hundert Prozent NICHTS. Nicht NICHTS im Sinne von NOCH NICHT GANZ PERFEKT.«

Eine Pause entsteht. Drei Augenpaare schauen mich an. Ich spüre vonseiten meiner Kollegen ein Gefühl wie – man kann es nicht anders ausdrücken – Mitleid. Ja, genau. Mitleid. *Die* mit MIR!

DIE!!

E-K-E-L-H-A-F-T!!!

Dass meine Kollegen die immer noch unbeteiligt aus dem Fenster starrende Clausen mit so einem Gefühl bedenken, okay, sie hat es verdient. ABER ICH? MICHAEL SCHMITT – Verkaufsleiter, Abteilung Putzmittelwagen? Zukünftiger Chef der Vertriebsabteilung der Stockhausen AG? DAS IST JA WOHL DAS ALLERLETZTE?! Und Ritz und Schmidtbauer werden gefeiert für »Bring deinen Brei«?? Dann doch lieber NICHTS schreiben – oder?

Als wäre das noch nicht genug, setzt die Hinkel noch nach: »Na ja, ich sag ja: Jeder, wie er kann. Ist doch nicht schlimm, Herr Schmitt. Wir haben ja eine Hookline, dann nehmen wir eben die von Herrn Ritz und Herrn Schmidtbauer. Die ist ja sehr gut.«

Nun will sie natürlich auch noch ihre Strophen vorstellen. Das Elend nimmt kein Ende.

Alles neu, so muss es sein,
in der SERVICE-AG bist du nicht allein.
In der Kantine, ich sing's wie die Ebstein,
ist doch klar, muss der Tisch voll besetzt sein.

»Bravo!«, ruft Ritz, »das ist ja der Hammer!«

Jetzt reicht es mir aber langsam, ich wende ein: »Das ist doch Kokolores, die Ebstein kennt doch keiner mehr!« Da sagt völlig überraschend und ohne sich vom Fenster wegzudrehen die Clausen: »Wieso? Katja Ebstein, die kennt doch jeder! Die hatte doch dieses schöne Lied.« Leise fängt sie an zu singen: »Wunder gibt es immer wieder …« Da steigen die anderen auch schon ein: »Heute oder morgen können sie geschehen …«

Ich unterbreche: »Na gut, man kennt sie. Können wir jetzt bitte weitermachen?«

»Klärchen, Schmitty«, ruft Ritz, »was bist du denn so grantig, ist doch alles Bolle hier!? Oder haben Sie letzte Nacht nicht genug geschlafen?« Jetzt bin ich wirklich mit meiner Laune am Ende. Ich antworte nicht, und so versucht die Hinkel die Situation zu retten und präsentiert ihre nächste Strophe:

Keiner sitzt solo, das ist jetzt out.
Wir wollen nicht, dass einer alleine kaut.
Bei Schnitzel mit Pommes und Gyros mit Kraut
findest du so auch die richtige Braut.

Das findet der Ritz natürlich »Geilomat!«, und so schießt die Hinkel gleich die nächste Strophe nach:

Unsere neue Philosophie
heißt »zusammensitzen in der Gastronomie«.
Kontakte pflegen so gut wie nie.
Da steigt die Stimmung pro Kalorie.

Jetzt merkt sogar der Schmidtbauer an: »Also wirklich, Frau Hinkel, wie Sie das können – toll. ›Philosophie‹, ›Kalorie‹ – darauf muss man erst mal kommen!« Sie schränkt »bescheiden« ein: »Na ja, ich bin ja auch in Übung.«

Dann kommt ihre letzte Strophe:

Hier wird jetzt alles anders gestaltet,
alleine sitzen ist völlig veraltet.

Wenn ihr euch nicht an die Regel haltet,
werdet ihr bald abgeschaltet.

Da ist es schon wieder vorbei mit Schmidtbauers Begeisterung: »Abgeschaltet? Das klingt ja wie outgesourct! Malen Sie doch nicht den Teufel an die Wand! Das können wir unmöglich so machen!« Die Hinkel besänftigt: »Aber Herr Schmidtbauer, nun seien Sie doch nicht so pessimistisch, so ist das doch gar nicht gemeint. Ist doch alles nur Spaß hier!« Nachdem die anderen ihr beipflichten, gibt er schließlich nach.

Im Folgenden geht es darum, den Rap einzustudieren. Die Hinkel teilt kurzerhand die Clausen und mich ein, den Beat für den Rap zu machen, hierfür gibt sie uns den Tipp, einfach immer nur gleichmäßig »Bunte Katze, Bunte Katze, Bunte Katze – Yeah! Bunte Katze, Bunte Katze, Bunte Katze – Yeah Yeah Yeah!« zu sagen, dass klinge dann wie eine richtige Beatbox. Dazu könnten die anderen dann rappen. Sie selbst zelebriert ihre Strophen, Ritz und Schmidtbauer steigen zu ihrem Refrain ein. So finde ich mich wieder, gemeinsam mit der nun an die Zimmerdecke starrenden Clausen zirka 200 Mal hintereinander »Bunte Katze – Yeah« zu sagen, in einem Seminarhotel im tiefsten Österreich… Aber etwas Gutes hat sogar dieser absurde Blödsinn: Die Monotonie der ständigen Wiederholung besitzt auch etwas Reinigendes. Machen Sie das mal nach – nach dem dritten Mal »Bunte Katze« sind Sie völlig malle. Dadurch macht wenigstens mal mein ewiger innerer Monolog eine Pause. Was aber nur unwesentlich darüber hinwegtröstet, in was für einer bizarren Situation ich mich befinde.

Ein frenetisches Gejohle reißt mich aus meiner Apathie. Alle umarmen sich und klatschen begeistert. »Das wird der Hammer!«, ruft Schmidtbauer. »Bombe«, meint Ritz und macht High Five mit Hinkel. Clausen scheint ähnlich befremdet zu sein wie ich. In diesem Zustand ist sie mir fast sympathisch.

Wie gehen zum Mittagessen, die beiden anderen Gruppen sind schon da. Es herrscht ein aufgeregtes Gegacker. Alle feiern ihre neu entdeckten »Künstlerfähigkeiten«. Ich denke, wenn die anderen auch nur halb so schlecht sind wie meine »Fantastischen Fünf«, wie sie sich und mich jetzt nennen – dann gute Nacht.

»Michael …«

Ich will die letzten 24 Stunden bei der Service AG hinter mich bringen und dann ab zu Stockhausen.

»Michael …«

Ich überlege mir, morgen die Bombe platzen zu lassen. Es gibt Menschen, die mich schätzen …

»Michael …«

… wie ich bin und nicht gleich zum Chef rennen oder die Gruppe wechseln wollen.

»Herr Schmitt …«

»Ja!« Ich schaue auf. Vicky steht vor mir.

»Ist hier noch frei?«

Mein ganzer Tisch ist leer. »Sieht irgendwie so aus«, antworte ich. »Bist du schlecht gelaunt?«, fragt sie. »Nein«, lüge ich, »alles bestens, schließlich bin ich neben Frau Clausen der berühmteste Beatboxer der Vertriebsabteilung der SERVICE-AG. Und ich durfte heute Nacht in einer Hotelsuite neben einem äußerst attraktiven Groupie schlafen. Auf der Couch.«

Sie lächelt mich an. »Du hast keine Lust auf das Ganze hier, oder?«

Noch bevor ich antworten kann, höre ich jemanden fragen: »Ist am Trainertisch noch etwas frei?« Plech wartet unsere Antwort gar nicht erst ab, sondern setzt sich einfach. Und warum auch immer – Saibling setzt sich ebenfalls zu uns.

Er fragt: »Und, worum geht es thematisch in eurer Gruppe?« Vicky antwortet für mich: »Herr Saibling, haben Sie noch etwas Geduld, es soll ja heute Abend eine Überraschung sein.« Er überlegt offenbar, ob er darauf antworten soll, entscheidet sich aber dagegen. Das Thema scheint ihn aber noch weiter zu beschäftigen, denn als Vicky und Plech nach dem Essen schon gegangen sind, hakt er noch mal nach. »Kommen Sie, Herr Schmitt, Butter bei die Fische, um was geht es bei Ihnen oder besser – um wen?« – »Warum um wen?«, frage ich zurück. Saibling, geheimnisvoll: »Vielleicht wird in Ihrem Workshop ja auch dreckige Wäsche gewaschen.« Ich: »Sorry, ich kann Ihnen nicht ganz folgen!?« Saibling wieder: »Nun ja, es sollen hier in den Workshops auch Kollegen vorgeführt werden, munkelt man.« Ich resigniere: »Herr Saibling, es tut mir leid, aber ich kann Sie gerade nicht verstehen. Das macht aber auch nichts, ich halte mich einfach an den Rat von Frau Bellinghausen und lasse mich überraschen.«

Plötzlich wird Saibling ausfallend: »ICH HABE IHNEN ALS KOLLEGE EINE GANZ HARMLOSE FRAGE GESTELLT! UND SIE TUN SO, ALS WÄRE DAS EIN VERBRECHEN, UND VERWEIGERN MIR DIE ANTWORT!?« Ich versuche zu beruhigen: »Herr Saibling, Ihr Temperament in allen Ehren, aber jetzt warten Sie doch einfach mal ab. Nur Geduld!« Da platzt er heraus: »SIE WERDEN SCHON NOCH FRÜH GENUG SEHEN, WORUM ES MIR GEHT! REDEN SIE DOCH EINFACH! LASSEN SIE SICH DOCH VON SO EINER NICHT DEN MUND VERBIETEN!« Nun reicht es mir aber: »Was heißt denn hier ›von so einer‹?« – »JETZT LEGEN SIE DOCH NICHT JEDES WORT AUF DIE GOLDWAAGE!«, dann, deutlich gefasster: »Aber bitte, wenn Sie nicht reden wollen – ich kann Sie ja nicht zwingen …«

Wie reagieren Sie auf diese befremdliche Art der Gesprächsführung?
A – Höllenregel 11: »Äh, also, äh …« Tiefstapeln, hoch gewinnen!
B – Höllenregel 6: »Halt einfach mal die Fresse!«
C – Höllenregel 7: Bewahren Sie sich im Umgang mit Kollegen stets eine beschreibende Außenperspektive!

Mir erscheint das Ganze völlig absurd. Ich stehe auf, lasse ihn einfach sitzen und gehe. Ich brauche frische Luft. Aber was hat er wohl gemeint mit »man munkelt, es werden in den Workshops auch Kollegen vorgeführt«? Als ich draußen bin, steht auf einmal der Page von gestern neben mir, er zeigt auf den vor uns liegenden Berg und sagt: »Das ist das Kreuzzipfelmassiv, da sind wir Burschen mit Jörg einmal gewandert.« Ich denke: »Too much information.« Und habe das Gefühl, mein Kopf steckt in einer Mikrowelle und jemand hat auf Maximum gestellt.

Da hält ein schnittiger Sportwagen vor dem Hotel. Geile Karre! Ein zirka dreißigjähriger Mann mit gegelten Haaren steigt aus. So jung und so ein Auto, der hat es echt geschafft. Beim Vorbeigehen höre ich: »Was für ein mieses Hotel. Na ja, bei meiner Gage konnten Sie sich wahrscheinlich nichts Besseres mehr leisten. Und dann haben sie mir am Flughafen noch so einen billigen Mietwagen gegeben. Ich bin übrigens erst heute Abend zurück in Frankfurt, der nächste Flughafen ist zwei Stunden entfernt. Was für ein Kaff, wie kann man hier seine Tagung abhalten. Ich mache jetzt mal die SER-VICE-AG klar und melde mich danach noch mal. Tschau, Hase!«

Wow, so klingt Erfolg. Ich frage mich, ob man so redet, weil man Erfolg hat, oder ob man Erfolg hat, weil man so redet!?

Der Page steht neben mir und schüttelt nur den Kopf. Neidbürger! Zum Glück bin ich in meiner Entwicklung schon weiter.

Zehn Minuten später moderiert Vicky den zweiten Teil des heutigen Programms an: »Wir werden heute Nachmittag gemeinsam in Gruppenarbeit Flöße bauen und zu Wasser lassen. Aber als Erstes, als Vorbereitung auf das Floßbauen eine Keynote mit dem provokanten Titel: ›Hierarchie schlägt Empathie!‹«

Ich frage mich, was daran provokant sein soll!

Zu den Klängen des Bayerischen Defiliermarsches tritt Thomas Kettler, mein Sportwagenfahrer, zackig auf die Bühne. Ich klatsche im Takt mit, als Einziger, wie mir auffällt. Er startet mit den Worten: »Einmal den Arm heben! Welcher Mann hat gedient und welche Frau dient gerne?« Die Arme meiner Kollegen bewegen sich – nur nicht nach oben, sondern sie verschränken sich vor der Brust. Selbst Schmidtbauer, von dem ich weiß, dass er Wehrdienst geleistet hat, kommt der Aufforderung nicht nach.

»Mit dieser Reaktion habe ich gerechnet, wir Deutschen haben ein Problem mit Hierarchien«, fährt er fort. »Und dennoch: Fast alle erfolgreichen deutschen Unternehmen sind extrem hierarchisch organisiert. Ich habe Ihnen dazu eine Statistik aus meiner Studie mitgebracht, die ich während meines Lehrauftrages an der Harvard Business School erarbeitet habe.« Es erscheint eine Statistik an der Wand. »Ich habe einen Zusammenhang hergestellt zwischen Hierarchiestufen und wirtschaftlichem Erfolg. Sie werden es nicht glauben.« Er betont nun jedes einzelne Wort: »Je mehr klar abgegrenzte Hierarchiestufen es proportional zur Angestelltenzahl gibt, desto erfolgreicher ist das Unternehmen!« Ein Raunen geht durchs Publikum. »Ja, ich weiß, dass hören wir Deutschen nicht gerne.« Ich klebe an seinen Lippen. »Die Kunst ist es nun, zwei Begriffe voneinander zu trennen.« Die Wörter »Status« und »Hierarchie« erscheinen an der Wand. »Hierarchie dient der Organisation eines Unternehmens und ist eine von außen übergestülpte Struktur. Status hingegen ist eine innere Haltung, mit der ich mich anderen Menschen gegenüber positioniere. In erfolgreichen Unternehmen sind Status und Hierarchie deckungsgleich. Gestalten Sie also Ihre Projekte nach der von mir entwickelten Status-Hierarchie-Methode. Es gibt Mitarbeiter, die gut sind, wenn sie führen. Andere Mitarbeiter hingegen sind gut, wenn sie geführt werden. Finden Sie diese Präferenzen heraus und besetzen Sie dementsprechend Ihre Projekte. Folgende Firmen arbeiten übrigens schon mit meiner Status-Hierarchie-Methode.« Es erscheint ein Chart mit Firmenlogos. Einige international agierende deutsche Automobilfirmen, zwei Fluglinien, fünf Chemiekonzerne, drei Banken sowie das Logo unseres schärfsten Mitbewerbers: Stockhausen. Wieder geht ein Raunen durch den Raum. Diesmal deutet er es allerdings falsch. »Ja, es sind schon einige *Big Player* dabei.« Stockhausen, ich komme! Endlich eine Firma, die dieselben Hierarchievorstellungen hat wie ich.

Der Vortrag läuft weiter. Auf einmal steht Frau Hinkel neben mir auf, zitternd vor Wut stößt sie hervor: »Entschuldigung, glauben Sie das eigentlich alles selber, was Sie da sagen!?« — »Wie darf ich Ihre

Frage verstehen?« – »Es ist doch ganz offensichtlich: Das ist der pure Sozialdarwinismus, den Sie hier verbreiten.« Alvarez, Gründler und Schmidtbauer pflichten ihr bei und klatschen Beifall. »Diese Reaktion kenne ich«, antwortet Kettler kühl. Die Hinkel entgegnet trotzig: »Das ist mir völlig egal! Sie unterteilen Menschen in ›Herrenmenschen‹ und ›Untermenschen‹. In Deutschland hatten wir das schon mal. Das brauche ich mir nicht anzuhören!« Alle bis auf Plech, Holzt und mich klatschen. Fritz Ritz skandiert: »Wir sind das Volk, wir sind das Volk!« Die Menge lacht. Plech versucht zu vermitteln: »Jetzt lassen Sie den Herrn Kettler doch erst einmal ausreden!« Ritz ruft: »Weg mit dem Matterhorn, freie Sicht aufs Mittelmeer!« Gefolgt von: »Ohne Floß nichts los!« Alle steigen ein: »Ohne Floß nichts los, ohne Floß nichts los!« Kettler guckt verdutzt.

Vicky kommt mit Plech auf die Bühne. »Meine Damen und Herren, bei der SERVICE-AG herrscht immer noch Meinungsfreiheit.« Frau Hinkel buht. »Und genau aus diesem Grund akzeptieren wir Ihre Mehrheitsmeinung und ziehen das Floßbauen vor.« Alle Kollegen springen auf und verlassen unter Jubel den Saal. Fritz Ritz singt: »Eine Floßfahrt, die ist lustig, eine Floßfahrt, die ist schön, ja, da kann man den Kapitän mal ohne Unterhose sehn.« Alle steigen ein: »Hollahie, Hollaho…«

Kettler steht neben Vicky und Plech auf der Bühne. Plech, dem all das offenbar unendlich peinlich ist, entschuldigt sich tausendfach bei Kettler: »Wir hatten noch nie einen so berühmten Speaker bei uns in der Firma.« Kettler antwortet: »Ja, das merkt man!« Plech weiter: »Damit konnte man nun wirklich nicht rechnen – ausgerechnet die Frau Hinkel!« Vicky ergänzt: »Die Kolleginnen und Kollegen der SERVICE-AG pflegen in ihrer Feedbackkultur eben einen offenen Umgang und tragen manchmal ihr Herz auf der Zunge.«

Kettler verabschiedet sich und geht. Ich passe ihn kurz vor seinem Sportwagen ab. »Herr Kettler!« Er dreht sich um und erkennt in mir sofort einen Mann auf Augenhöhe, einen Mann seines Formats. »Ich wollte Ihnen noch sagen, wir sind Brüder im Geiste. Ihre Thesen sind nicht provokant, sie sind absolut richtig. Würden Sie mir bitte Ihre Visitenkarte geben? Ich kann nichts versprechen, aber sobald ich mich beruflich neu aufgestellt habe, will ich auf Sie zukommen.« Er lächelt jovial, als er mir mit lässiger Geste seine Karte hinhält. Ich winke ihm hinterher, als sein Wagen Richtung Kreuzzipfelmassiv davongleitet.

Auf dem Weg zum Floßbauen überlege ich mir, wie ich meine neu erlernten Skills anwenden kann. Frau Hinkel kommt mir entgegen. »Was für ein Arsch«, murmelt sie und schüttelt den Kopf. »Haben Sie zufällig meine Jacke noch im Seminarraum gesehen? Die muss ich in der ganzen Aufregung vergessen haben. Was für ein arroganter Sack, nicht wahr Herr Schmitt?«

Wie reagieren Sie auf diese rhetorische Frage?
A – Höllenregel 5: Verlassen Sie den Täterstatus und zelebrieren Sie sich als Opfer!
B – Höllenregel 10: Seien Sie verdammt noch mal konsequent!
C – Höllenregel 14: Willst du noch oben, musst du loben!

Bleib ruhig, Schmitty, bleib ruhig! Konzentriere dich auf einen Punkt zwischen ihren Augen und halt einfach den Mund! Lass dich auf keine Konfrontation ein. In zwei Wochen bist du sowieso weg. Sie wird bei der SERVICE-AG versauern, und du wirst bei Stockhausen Karriere machen. Also: keine Diskussion!

Wie selbstverständlich antworte ich: »Ihre Jacke liegt noch auf Ihrem Stuhl, soll ich sie für Sie holen?« – »Nicht nötig. Aber – das würden Sie tun?« – »Für so eine engagierte und mutige Frau wie Sie jederzeit.« – »Herr Schmitt, ich glaube, ich habe Sie verkannt.« – »Das macht nichts, ich denke auch manchmal in Schubladen.«

Als sie weg ist, denke ich an Vicky. Ob sie *das* meint mit »mangelnder Aufrichtigkeit«? Ach was, ich bin eben ein friedfertiger Mensch. Genau: Es herrsche Friede unter den Völkern!

Keine hundert Meter vom Hotel entfernt fließt die Gümbel, die erfreulicherweise viel besser riecht, als ihr Name assoziieren lässt. Alle anderen sind schon da, unser Trainer für das Floßbauen ist noch dabei, die Utensilien vom Hänger zu laden – schließlich sind wir etwas früher dran als geplant. »Pockt's amol on, donn samma glei ferti, ge?«, ruft er uns zu, was auch immer er damit zum Ausdruck bringen möchte. Holzt scheint ihn zu verstehen, jedenfalls hilft er ihm beim Ausladen. Er wirkt leicht übermotiviert – will da etwa jemand Vicky imponieren? Lachhaft.

Nachdem das Floßbauzubehör ausgeräumt ist, fängt der Trainer an: »Liäbä Herrschoften, i bin der Bebbi, doss ihr's nur wiässt: I duar eich duazen! A Floß baun, des is wos hondfestes. Abba ma kon a Menge lern dabei – über ssich un ssei Kollegn. I hob g'hört, ihr mocht's a Leitbild. Do hom's mi g'frogt, ob des Floßbaun dazu bossn tät – i hob g'sogt: Frreili! Wenn's beim Floßbauen dei Regeln net beachten tuast und net ols a Team z'sammenarbeitst, gehst fei unda wia a Stoa.« Ich habe Mühe, mich auf den Inhalt seiner Worte zu konzentrieren, zu sehr irritiert mich der Urwuchs des Ausdrucks. Doch letztendlich glaube ich zu verstehen, was er sagen möchte, allerdings teile ich seinen Standpunkt ganz und gar nicht, dass Floßbauen zu einer Leitbilddebatte passe. Da die Idee aber möglicherweise von Vicky stammt, enthalte ich mich des Kommentars und gebe mich interessiert und kooperativ.

Als Nächstes macht Bebbi deutlich, was unsere Aufgabe für heute Nachmittag ist: Es geht darum, zwei Teams zu bilden, die jeweils ein Floß bauen, anschließend wird mit diesen auf der Gümbel ein Kilometer lang um die Wette gefahren, und wer zuerst am ›Saubergstoa‹ angekommen ist, hat gewonnen. Das Besondere: Das Rennen beginnt ab Floßbau, nicht erst, wenn beide Flöße zu Wasser gelassen sind. Bei dem »Saubergstoa« handele es sich um einen Felsen mitten in der Gümbel, auf den man auf keinen Fall mit seinem Floß zusteuern dürfe. »Ssonst wiäd dei Floaß zerhockt – und du ah!«, wie Bebbi warnt. Offenbar möchte er dem Ganzen künstlich mehr Abenteuercharakter verleihen, denn wie alle sehen, fließt die Gümbel doch sehr gemütlich durch das beschauliche Österreich. »Do hobt's Motterriol, i sog nur no sso viel: Schnelligkoat beim Floßbaun geht auf Kostn der Sicherhoat beim Floßfohrn. Ihr miässt's wissen, wiarra's mocht, trefft die Entscheidungen im Tiäm, des is Teil der Aufgoabe. Aufi, möge der Bessrre g'winna.«

Alles klar, Bebbi.

Lieber Leser, ich erspare Ihnen sämtliche Details der Gruppenbildung und die endlosen Diskussionen über Material und Bauweisen, Fässer oder Planken, Schnür- oder Knotentechnik, Ruderanbringung ja oder nein, Schwerpunktberechnung (Dr. Rink), Klärung der Frage, ob Fichtenharz eigentlich Allergien auslösen könne (Pichel) etc. Nur so viel: Die Gruppe, in die ich gekommen bin, nimmt die Sache sehr lax. Dadurch, fürchte ich, haben wir schon verloren, bevor wir überhaupt angefangen haben. Ich bin in einer Gruppe gelandet mit Pichel, Hinkel, Alvarez, Gründler, Wiegärtner und – zur Krönung – Fritz Ritz. Schon beim Hochheben der ersten Planke reißt sich die Pichel einen Fingernagel ein, sie und die Alvarez, die ihr sofort zur Hilfe eilt, sind somit buchstäblich aus dem Rennen, bevor es richtig angefangen hat. Trotz alledem komme ich so zügig voran, dass ich als Erster unser, oder besser gesagt, *mein* Floß zu Wasser lassen kann. *Meins*, weil Wiegärtner und Gründler turtelnd ausschließlich miteinander beschäftigt sind und Ritz zwar auch nicht mit anpackt, dafür aber jede meiner Handlungen »witzig« kommentiert. Ich frage mich: Wie kann man nur bei allem, was man tut, so wenig Ehrgeiz an den Tag legen? Ich für meinen Teil lege mich voll ins Zeug und nehme das Heft in die Hand – denn ich weiß, ich bin geboren, um zu führen.

Quasi im Alleingang lege ich die Holzstämme zusammen, binde sie fest und verzichte dabei aus strategischen Gründen auf die leeren Ölfässer, die noch zur Verfügung stünden. So ist unser Floß zwar möglicherweise langsamer, aber dafür sind wir deutlich früher damit im Wasser.

Kurz darauf ist auch die zweite Gruppe fertig. Zugegeben, deren Werk sieht erheblich stabiler aus – da haben aber auch alle mitgeholfen. Außerdem haben sie mit Dr. Rink einen echten Wissenschaftsoffizier an Bord. Na ja, *an Bord* gerade nicht, nur im Produktionsteam, denn mitfahren will er nicht. Er gesellt sich zur Pichel, die ebenfalls an Land bleibt, da sie nicht nur fürchtet, dass aufgrund des eingerissenen Nagels ihre Hand amputiert werden müsse, sondern sie obendrein auch noch seekrank werden könne. Die Wellenhöhe der Gümbel liegt bei zirka zwei Zentimetern … Rinks Problem ist da eher grundsätzlicher Natur: Er vertritt den Standpunkt, H_2O sei eine zu instabile Verbindung, als dass sich der Homo sapiens in wechselnden Gewichtsverlagerungssituationen ihr aussetzen sollte. Da die Alvarez nun doch meiner Bitte nachgibt, die Ruderstange zu halten, sind beide Gruppen wieder gleich groß – wenn auch nicht gleich stark.

Mir egal, ich hänge mich trotzdem voll rein. Gewinnen zu wollen, ist doch schließlich keine Schande, oder?

Das Rennen beginnt. Am besten gebe ich einfach nur wieder, was währenddessen auf dem Floß gesprochen, geflachst und gekreischt wird, dann können Sie sich selbst ein Bild davon machen, wie ineffizient mein Team aufgestellt ist: »Links!« – »Nein, das andere Links, Frau Alvarez!« – »Nicht so festkrallen, Sybille!« – »Aber ich muss mich doch festhalten, Manuel, so wie der Herr Schmitt hier rumschaukelt!« Konzentriert und mit kraftvollen Zügen versuche ich als Einziger mit meiner Zaunlatte dem Floß mehr Antrieb zu geben. »Soll ich Ihnen helfen, Herr Schmitt?« – »Nein danke, Frau Alvarez, Sie passen mit der Stange einfach auf, dass wir nirgendwo anbumsen!« – »Hihi, Manuel!« – »Aber Sibylle!« Ritz imitiert Bebbi: »Posst's auf, der Stoa, der Stoa, Österreich sucht den Superstoa!« Darüber lachen auch noch alle …

Ein Blick nach links: Wir liegen deutlich vor der anderen Gruppe!

Doch dann setzt sich leider etwas durch, was ich unproduktiven Zynismus nenne. Die »Gefahr«, am Stein zu zerschellen, gerät immer mehr in den Fokus unserer Scherzkekse, Wiegärtner und Ritz. In schlecht nachgeäfftem österreichischem Dialekt stacheln sie sich gegenseitig an: »Bloß net auf'n Stoa aufi rrumsen, sonst tuan ma untergehn un müs'n sterrrm!« Das gespielt-hysterische Kreischen der Gründler spornt die beiden noch weiter an, so lange, bis Ritz der Alvarez die Steuerstange abnimmt. Ich denke noch für einen Moment: »Klasse, jetzt hat ihn sein Ehrgeiz doch noch gepackt.« Aber weit gefehlt! Wir liegen immer noch eine Floßlänge vorne, müssen nur noch am »Saubergstoa« vorbei, die andere Gruppe ist über ihren Rückstand auch schon in Streit geraten, Holzt zeigt Plech gegenüber endlich sein wahres Gesicht und macht ihm wegen seiner »Steuerkünste« lauthals Vorwürfe! Wie herrlich!

Aber da gewinnt bei uns vollends die »Gaudi« die Oberhand …

»Der Stoa! Der Stoa!« Mit aller Gewalt versuche ich noch mit meiner Zaunlatte dagegenzusteuern – aber zu spät. Wiegärtner schnappt sich Sybille Gründler, stellt sich mit ihr wie Leonardo Di-Caprio und Kate Winslet in »Titanic« mit ausgebreiteten Armen vorne auf das Floß und singt »My heart will go on« – alle lachen sich kaputt und grölen mit. Dann krachen wir mit voller Wucht und voller Absicht auf den »Eisberg«, nein, den »Saubergstoa« – und landen im Wasser.

Die Stimmung auf dem anderen Floß steigt, während es langsam und siegreich an uns vorüberzieht … Höhnisches Gejohle schallt zu uns herüber. Auch in meinem Team herrscht Frohsinn: »Mensch, Herr Schmitt, seien Sie doch kein Spielverderber! Nun lachen Sie doch mal! Ist doch lustig, mal wieder vollständig angezogen im Wasser zu sein!«

Finde ich nicht.

Als ich am Ufer angekommen bin, denke ich: »Wie kann man nur so wenig strukturiert und zielorientiert sein?« Wieder eine vertane Chance, aus diesem Wochenende etwas Greifbares und Produktives mit nach Hause zu nehmen.

Danach verabschiedet sich Bebbi: »Ge, hobt's g'sehn? Beim Floßbau zaigt si der Chorokter der Kollegn. Aufschlussraich, ge?«

Leider ja!

Zurück im Hotel ziehen wir trockene Kleidung an. Wir sind eine Stunde hinter dem Zeitplan, müssen uns wieder in Raum »Jörg« einfinden, wo wir alle unsere Workshop-Ergebnisse des Vormittags präsentieren sollen. Eine Stunde Delay, nur weil einige Kollegen es extrem witzig fanden, angezogen ins Wasser zu plumpsen! Auf dem

Weg nimmt mich plötzlich Vladic beiseite: »Herr Schmitt, ich habe den Eindruck, Sie sehen die ganze Veranstaltung hier genauso skeptisch wie ich. Glauben Sie nicht auch, dass das hier im Grunde eigentlich ein Test ist? So eine Art versteckte Personalbeurteilung, ein richtiges *Exzessment-Zenter?* Und ehe man sich versieht, ist man von denen da oben eingeteilt in *High Perforiert* und *Low Perforiert?*«

Wie reagiert man auf so einen absurden Quatsch?

A – Höllenregel 7: Bewahren Sie sich im Umgang mit Kollegen stets eine beschreibende Außenperspektive.

B – Höllenregel 8: Benutzen Sie Abbiegephrasen!

C – Höllenregeln 13: Erst das Schlimmste ausmalen, dann herunterschrauben. Dann wirkt jede weitere Nachricht wie eine Erleichterung!

Der Himmel schickt Vicky. Ich sage: »Ah, da sind Sie ja, Frau Bellinghausen!« Ich flüstere Vladic noch zu: »Das sollten Sie unbedingt weiter beobachten, man kann ja heutzutage nicht skeptisch genug sein.« Dann lasse ich ihn stehen und gehe Richtung »Jörg«. Es ist kurz vor halb acht.

Vicky fordert uns auf, die Präsentationen der am Vormittag erarbeiteten »Kunstwerke« der jeweils anderen Gruppen mit frenetischem Applaus zu bedenken und sich dabei vorzustellen, man hätte gerade *dem* Kulturereignis des 21. Jahrhunderts beigewohnt. Als wäre sie nicht nur Moderatorin, sondern auch Warm-upperin, übt sie dann noch dieses Applaudieren mit uns ein. Dann geht's los, unser Rap macht den Anfang. »Gut«, denke ich, »dann habe ich es hinter mir.« Korrigiere: *Gut* ist daran gar nichts. Ich habe es dann nur hinter mir.

Während ich also zusammen mit Frau Clausen »Bunte Katze« mache, fixiert mein Blick das Jesus-Kreuz über der Seminarraumtür. Einem der Zuschauer in dieser Situation in die Augen zu schauen, bringe ich nämlich nicht fertig. Beim Blick auf den guten Jesus denke ich mir: »Der hat's auch nicht leicht gehabt …, aber immerhin musste er nicht rappen! Wie human doch die alten Römer waren …, vergleichsweise.« Dann beginne ich einen gedanklichen Exkurs über das Wort »Scham«. Klingt so ähnlich wie »Charme«, bedeutet aber etwas völlig anderes. Man kann sich für sich selber schämen, so wie ich im Moment. Man kann sich aber auch für seine Kollegen schämen, so wie ich die meiste Zeit, im Moment aber ganz besonders, wenn ich sehe, wie die Hinkel sich ins Zeug legt mit: »Bring deinen Brei, hier ist noch was frei, komm, sei dabei, don't be so shy …« Der Begriff »Fremdscham« steht doch seit ein paar Jahren sogar im Duden, oder? Ist er nicht in Österreich zum Wort des Jahres gewählt worden? Jetzt weiß ich, warum: Hier ist die Fremdscham zu Hause – zumindest, wenn die SERVICE-AG zu Gast ist. Man muss den Österreichern jetzt auch nicht alles in die Schuhe schieben.

Wie erwartet und wie befohlen: Das Publikum klatscht und johlt wie verrückt. »The Fantastic Five are inda House«, gröhlt Ritz.

Danke, SERVICE-AG, danke!!

Nun ist die Gruppe um Plech und Holzt an der Reihe, umständlich wird ein Video-Beamer an einen Laptop angeschlossen. Sie haben sich als »Kunstform« ernsthaft ausgesucht – Achtung! Festhalten! –: PPP!

Ja: PowerPoint-Präsentation – wie originell!

Außerdem haben die wohl noch nie von McLuhan gehört: *The medium is the message*. Die Form, die man zur Präsentation seines Inhalts wählt, sagt über den Inhalt mehr aus, als der Inhalt selbst es je vermag. Das ist, als wolle man ein Feuer entfachen mithilfe von Wasser. Denn natürlich wirkt diese PowerPoint-Präsentation genau wie jede andere PowerPoint-Präsentation auch: nicht motivierend, sondern zum Sterben langweilig …

Dementsprechend fällt der Applaus, bei allem Wunsch, ihn frenetisch zu gestalten, doch etwas, man könnte sagen, bei aller Freundschaft, ein bisschen … halbherzig aus.

Als letztes »Highlight« kommt die Aufführung der Gruppe »Wertschätzung« an die Reihe. Bisher dachte ich, unser Rap wäre abgrundtief schlecht, die Präsentation von Holzt am allerschlechtesten, aber da hatte ich dieses »theatrale« Machwerk noch nicht gesehen. Ich versuche einfach, es ganz sachlich zu beschreiben, damit Sie sich selbst ein Bild davon machen können. Die Wertung überlasse ich ganz Ihnen.

Das Setup: Frau Pichel spielt sich selbst, wie sie an einem Tisch in einem Meetingraum sitzt und ihre Unterlagen ordnet, um zu gehen. Als sie gerade aufsteht, betritt Wiegärtner die Szenerie, er spielt allerdings nicht sich selbst, sondern einen Roboter, dementsprechend mechanisch geht und spricht er: »Gu-ten Tag! Stopp.« – »Hallo, lieber Roboter«, erwidert die Pichel in herzlichstem Tonfall. »Wie geht es dir denn heute?« Vom Roboter kommt: »Fra-ge oh-ne Re-le-vanz. Stopp. Keine Pro-grammie-rung. Stopp.« Da probiert es die Pichel noch einmal mit: »Also, ich finde ja das Wetter im Moment ganz grauenhaft. Da bekommen wir Menschen schlechte Laune, und ihr fangt an zu rosten, oder, lieber Roboter?« – »Ver-stehe Fra-ge nicht, kein be-ruf-licher Kon-text. Stopp. Irrele-vant. Error. Stopp.« Die Pichel gibt noch nicht auf: »Aber auch bei der Arbeit müssen wir Menschen uns doch mal austauschen dürfen, auch über nicht berufliche Themen. Dann klappt's auch mit der Arbeit viel besser.« »Falsche Ein-gabe Stopp. Arbeits-zeit in-effi-zient ge-nutzt. Stopp.« – »Aber, lieber Roboter, was ist denn mit der sozialen Kompetenz, Empathie und gegenseitiger Wertschätzung? Die sind doch das A und O in einem Unternehmen!?« – »So-zia-le Kom-pe-tenz? Em-pa-thie? Wert-schätz-ung? ERROR ERROR, sind im Modell S-C-H-MITT 08/15 nicht vor-ge-sehen. ERROR ERROR, kei-ne Pro-gram-mie-rung.« Mitleidig sagt die Pichel: »Na ja, du Armer bist eben nur ein Roboter …«

Alle lachen sich schlapp über diese bodenlose, infame, ja, man muss sagen: hinterfotzige Diskreditierung meiner Person! Die können mich doch gar nicht meinen! Tun sie aber. Oder wieso heißt der »Roboter« S-C-H-MITT 08/15?? Eine Person vor den anderen Kollegen so hervorzuheben und persönlich zu diffamieren, ist ja wohl das Allerletzte!

Aber eines verstehe ich jetzt – der Saibling wollte mich beim Mittagessen nur warnen! Das meinte er also mit »hier werden einzelne Kollegen vorgeführt«!

Das »Stück« geht noch weiter: Nun kommt die Gründler ins Spiel. Ihre Rolle scheint die einer Technikerin oder Lieferantin zu sein, denn sie sagt zur Pichel: »Entschuldigung, liebe Kundin, ich soll hier eine Fehlproduktion abholen, das Modell S-C-H-MITT 08/15!? Unsere anderen Exemplare dieser Baureihe weisen bereits menschliche Züge auf, aber dieses hier scheint an einem Montagmorgen gefertigt worden zu sein. Wir werden es in der Fabrik noch einmal mit neuer Software und Umprogrammieren versuchen. Wenn das auch nicht hilft, verkaufen wir ihn einfach billig an die Konkurrenz. Da sind solche Auslaufmodelle noch gang und gäbe, habe ich gehört!«

Die Allgemeinheit lacht sich kaputt. Auch Vicky scheint verstanden zu haben – sie lacht. Ich bin völlig fassungslos. Besser gesagt: ENTSETZT!!

Was bilden die sich ein, diese Arschnasen?!

Aber ich mache gute Miene zum bösen Spiel. Schließlich möchte ich, selbst wenn es mir schwerfällt, nicht auch noch als humorlos dastehen.

Der Rest des »Stücks« geht an mir vorbei.

Was für ein Glück, dass ich bald bei Stockhausen bin.

Vicky geht nach vorne: »Vielen Dank für diese wunderbaren Aufführungen. Wie Sie wissen, kommt morgen Ihr Vorstand, um sich die Präsentation Ihrer entwickelten Leitlinien anzuhören. Ihre Aufgabe in der nächsten Stunde wird es sein, in Ihren Kleingruppen je drei Leitlinien in prägnanten Sätzen zu Ihrem Thema aufzustellen.« Es ist kurz nach zwanzig Uhr – sie fährt fort: »Ihre zweite Aufgabe ist es, den Präsentator für morgen zu bestimmen, der unsere entwickelten Leitlinien dann vortragen wird.« Ein Murren geht durch den Raum, Gründler und Plech gähnen. Es scheint allen wie mir zu gehen: Hunger. Hinter mir höre ich plötzlich: »Wir haben Hunger, Hunger, Hunger, haben Hunger, Hunger, Hunger, haben Hunger, Hunger, Hunger, haben Durst …« – Fritz Ritz, wer sonst. Alle stimmen singend und klatschend ein. »Wenn wir nichts kriegen, kriegen, kriegen, fressen wir Fliegen, Fliegen, Fliegen …« Da stimmt er schon das nächste Lied an: »Was wollen wir trinken sieben Tage lang …«

Vicky interveniert: »Meine Damen und Herren, ich verstehe Ihre körperlichen Bedürfnisse, trotzdem ist es wichtig für den morgigen Vortrag, dass Sie Ihre Ergebnisse in ausformulierten Regeln aufbereiten. Lassen Sie uns gemeinsam Ihrem Sprecher helfen.« Alle beginnen zu skandieren: »S-C-H-MITT 08/15!, S-C-H-MITT 08/15!« Meinen die mich? Ich bin verunsichert, fühle mich aber geschmeichelt. Ich soll präsentieren. Ich soll vor dem Vorstand Repräsentant der Gruppe sein. Ich werde von den anderen endlich als Führungskraft anerkannt und gewürdigt. Der Vortrag von heute Morgen über Status und Führung zeigt schließlich doch noch seine Wirkung. Meine Metamorphose zur echten Führungspersönlichkeit ist abgeschlossen.

Ich will gerade aufstehen, da erhebt sich Manuel Wiegärtner neben mir – ach, du meine Güte! Sie meinen nicht mich, sondern den ›Darsteller‹ von Roboter S-C-H-MITT 08/15 – Manuel Wiegärtner … »08/15 – 08/15!«, skandieren sie … Hätte ich mich doch fast lächerlich gemacht. Vicky stellt fest: »Herr Wiegärtner, Sie scheinen ja gewünscht zu sein. Nehmen Sie die Wahl an?« Damit bestätigt sich, was ich schon im Kapitel *Mr. Facebook* festgestellt habe: Die Netten sind unsere Feinde!

Wiegärtner lächelt und ruft: »Kollegen, heute Abend geht die erste Runde auf mich!« Vicky setzt fort: »Damit ist schon mal eine Herausforderung gelöst, wir haben einen Sprecher. Kommen wir nun zu den neun Leitlinien. Bitte überlegen Sie sich in Ihren Kleingruppen je die drei wichtigsten Verhaltensregeln für einen zukünftigen besseren Umgang miteinander innerhalb der SERVICE-AG.« Keiner reagiert. »Wenn ich Sie dann bitten dürfte, wieder in Ihre Gruppen zu gehen?«

Da schwingen plötzlich und unvermittelt die Türen auf und zehn Kellner rollen zwei festlich gedeckte Tische herein – noch eine Überraschung! Die SERVICE-AG hat offenbar ein feierliches Galadinner für unseren Abschlussabend springen lassen. Vicky schaut allerdings weniger erfreut, doch sie fängt sich gleich wieder und spricht in bestimmendem Ton einen der Kellner an: »Entschuldigung, ich hatte mit dem Hotel abgesprochen, dass wir eine Stunde Verzögerung haben!?« – »Ge, bidde härn's, des mog scho sei, dess Sie des hom, aba i hob auf meim Zeddl: Acht Uähr, Sörrprrraiß-Dinna in Rraum Jörrg. Oda wolld's, dass d'Suppn koald wärd?« Das will keiner.

Ich überlege kurz, ob ich Vicky zur Seite stehen und hier mal kurz die Führung übernehmen sollte. Plech zuckt nur die Schultern, die Gruppe steuert gerade führungslos durchs All. Da meldet sich Captain Tralala, Everybody's Darling, unser Sonnenschein, *Mr. Facebook* zu Wort: »Liebe Kollegen, liebe Frau Bellinghausen, ich habe doch, genau wie ihr, unsere phantastischen Aufführungen gehört. Ich werde bis Morgen früh neun geschliffene Regeln aufstellen. Da brauchen wir doch keine große Gruppenarbeit mehr.« Applaus. Vicky will intervenieren, doch schon beginnen alle, sich an die Tische zu setzen. Ihr letzter Versuch: »Herr Wiegärtner, möchten Sie denn keine Unterstützung aus der Gruppe haben?« – »Ach was, dass dauert bei mir keine zehn Minuten, da müssen wir die Kollegen doch nicht vom Essen abhalten.« Vicky schaut zu Plech, der zuckt wieder nur hilflos mit den Schultern. Zögernd gibt Vicky nach: »Dann wünsche ich Ihnen guten Appetit.«

Leise sagt sie noch zu Wiegärtner: »Unterschätzen Sie diese Aufgabe bitte nicht. Die Leitlinien sind der eigentlich Grund dafür, dass wir hier sind. Wir brauchen unbedingt ein vernünftiges Ergebnis für den Vorstand. Ich stehe Ihnen bei Fragen selbstverständlich zur Verfügung. Kommen sie einfach heute Abend oder morgen früh noch auf mich zu, wenn sie nicht weiterkommen.« Er wiegelt ab: »Frau Bellinghausen, machen Sie sich da mal keine Sorgen. Was ich morgen präsentieren werde, können Sie in Stein meißeln!«

Vicky lächelt leicht gequält, ich verdrehe die Augen. Da ergreift Plech noch mal das Wort: »Apropos ›in Stein meißeln‹. Das fertige Leitbild werden wir dann in eine große Kupferplatte gravieren und im Foyer der SERVICE-AG aufhängen lassen. Ich beauftrage hiermit unseren Herrn Schmidtbauer mit der ehrenvollen Aufgabe, dies in die Wege zu leiten.« Die Gruppe spendet großzügig Applaus, Schmidtbauer, der direkt neben mir steht, ist offensichtlich tief gerührt. Er antwortet mit brüchiger Stimme, als hätte man ihm den Oscar für sein Lebenswerk verliehen: »Herr Schmitt, ist das nicht rührend? Nach fünfundzwanzig Jahren so geehrt zu werden? Ich nehme alles zurück, was ich über die Firma bisher gesagt habe ... Ich bin so unsagbar stolz ...« O Mann, er soll einfach nur irgendeinen Graveur anrufen, einen Text rüberschicken, und dann die fertige Platte an die Wand hängen. Das ist schließlich sein verdammter Job als Hausmeister!

Also, wie reagiert man auf so eine völlig übertriebene und rührselige Selbstbeweihräucherung?

A – Höllenregel 7: Bewahren Sie sich im Umgang mit Kollegen stets eine beschreibende Außenperspektive!

B – Höllenregel 8: Verwenden Sie Abbiegephrasen!

C – Höllenregel 9: Schürfen Sie bei Kollegen nach versteckten Talenten und beschäftigen Sie sie mit dem, was sie WIRKLICH können!

Vicky steht in der Nähe, deswegen sage ich: »Was halten Sie davon, wenn Sie sich noch eine Lichtkonstruktion einfallen lassen, die die Tafel entsprechend beleuchtet?« Er schaut mich staunend an und sagt bewegt: »Sie meinen, *eigenverantwortlich?*« – »Natürlich, nur Mut!« Und denke: »Was für ein Idiot.«

Zumindest bekommen wir nun unser Abendessen, ich habe es tatsächlich wieder auf den Platz neben Vicky geschafft, und alles könnte ganz schön werden. Da öffnen sich die Türen erneut. Erst glaube ich, eine neue Kellnerin käme herein. Etwas groß geraten ist sie vielleicht, zirka ein Meter neunzig, mit hohen Hacken. Sie trägt volle Montur, mit Schürze, Häubchen auf dem Kopf und Tuch über dem Arm, da bemerke ich, dass durch »ihr« Make-up Bartstoppeln durchscheinen – eine Transe! Meinetwegen, man ist ja tolerant. Aber dann legt er ... sie ... es auch schon los in breitestem Rheinisch. Dr. Rink ist das erste Opfer: »Wie sieht et denn hier aus? Is ja janz stumpf, isch seh misch ja jar net rischtisch«, ruft es in höchstem Falsett, das lustige Kellnerinnending! Dann beginnt es, mit seiner weißen Kellnerserviette Rinks Glatze zu polieren. Da er es in stoischer Gelassenheit und sogar leicht genießerisch lächelnd erträgt, steigt die Stimmung der Gruppe und alle lachen sich schlapp. »Dat jefällt dir, Kleiner, wat?« Hilflos und von der Situation heillos überfordert, nickt Rink nur. »Soll isch dir sonst noch wat polieren?« Rink schüttelt den Kopf und errötet, was die Gruppe gänzlich zum Ausflippen bringt. »Na, da guckste! Sowat jibbet nisch, in dinge Keller mit dinge janzen leblosen Apparaturen, wa?« Alle sind perplex – offensichtlich ist diese Animationskünstlerin gut vorbereitet und hat Hintergrundinformationen über uns. »Sonst noch jemand, der auf jute rheinische Handarbeit stehen tut? Äsch bin et Helja, äsch han auch ene Fortbildung jemaht in Untertischbedienung!« Vladic trommelt auf den Tisch vor Lachen. Ritz ruft: »Polier doch mal den da, hopp hopp!« Und zeigt auf Plech. Allen stockt der Atem. Es antwortet: »Jüngelschen, wenn isch ene neue Chef brauchen tu, sach isch dir vorher reschtzeitisch Bescheid!« Alle lachen, Ritz gibt kleinlaut bei.

Nun ist die Clausen an der Reihe: »Mensch, Mädschen, do bäst mer ewer eine janz eine jraue Maus! Tuste disch dann jar net schminken? So sieht disch doch jar keiner! Äsch han jeden Morjen ene Stuckateur an de Fresse! Awer et lohnt sich, wie du sehen tust!« Deren Reaktion ist mal wieder mehr als vorhersehbar: Sie lächelt, kichert, winkt ab und sagt nur: »Ach …«

Das macht Helga wenig Spaß und so nimmt sie den nächsten aufs Korn – mich! O nein! »Na, wo isser dann, de Eisklotz!?« Mit diesen Worten kommt sie auf mich zugestöckelt: »Et Blömschen Sprich-misch-net-an, de Roboter, de einsame Räscher der SERVICE-AJE …« Ich will nicht! Ich sage leicht panisch: »Fräulein Helga, bitte nicht anfassen, sonst bin ich weg!« Die Kollegen bekommen Atemnot vor Lachen. »Janz jenau, Jöngelschen, do bist jleisch wesch! Wer so abweisend ist, der is awer janz schnell wesch von de Tisch!« Sie winkt zwei Kellner heran, und als wüssten die schon Bescheid, tragen sie mich mitsamt meinem Stuhl in die Zimmerecke und stellen mich mit dem Gesicht zu Wand ab. Der Saal tobt, aber meine Seele weint, das muss ich an dieser Stelle einmal zugeben. Helga widmet sich anderen Kollegen, ich finde keine weitere Beachtung mehr, auf dem Tisch wird mein Essen kalt …

Vor meinem inneren Auge läuft mein Leben ab: die wenig erquickliche Jugend als einziges Kind meiner Eltern, die häufigen Abschiebeferien bei meiner Großmutter, das schwierige Studium mit all den Selbstzweifeln, die häufigen Jobwechsel, das mehrmalige Verlassenwerden, die vielen Abende alleine zu Hause und schließlich dieser mittelinteressante Job in dieser mittelinteressanten Firma in dieser mittelinteressanten Branche … einziger Lichtblick: Vicky. Die Liebe. Das wird mir jetzt bewusst.

Ich überlege, wie lange ich hier schon sitze. Ein Blick auf die Uhr: Es kann nicht viel länger als eine oder zwei Minuten sein, mir kommt es aber vor wie eine Ewigkeit. Wieder gefasst, stehe ich auf, nehme meinen Stuhl und schleiche kleinlaut und so unauffällig, wie ich nur kann, zurück an meinen Platz am Tisch. Schüchtern blicke ich zu Vicky, aber die reagiert nicht – seltsam. Habe ich etwas verpasst? Ist zwischen ihr und mir etwas im Busch? Ich verwerfe den Gedanken, niemand bemerkt offenbar, dass ich zurückgekommen bin, alle Blicke sind auf Helga gerichtet, den Star des Abends. Nachdem sie alle Kollegen einmal ›charmant‹ durch den Kakao gezogen hat, nimmt sie ihre Perücke ab, verneigt sich mit großer Geste und verabschiedet sich. Ich bin froh, dass diese »Spaß-Kellnerin« weg ist, für heute bin ich mehr als *bedient*.

Nachdem wir alle aufgegessen haben, klopft Plech mit der Gabel an sein Glas, aber noch bevor er das Wort ergreifen kann, ruft Ritz schon: »Ruhe im Karton, der Chef will reden!« Und das tut er dann auch: »Liebe Mitarbeiter, wie könnte man so einen schönen Tag in den Bergen besser beschließen als mit einer Après-Ski-Party!?« Alles johlt. »Gleich nachdem Sie alle die Gelegenheit hatten, sich frisch zu machen, treffen wir uns unten im Keller, im Partyraum. Bringt Durst mit, es ist von allem reichlich da!« Jubel, Applaus, Tischklopfen.

Später auf der Party sitze ich auf einer rustikalen Eckbank neben Vicky, unter einem ausgestopften Auerhahn. An jeder Wand des Partykellers hängen staubige ausgestopfte Waldtiere, Köpfe und Geweihe, diese sind geschmackssicher verziert mit bunten Luftschlangen. Besonders fällt ein riesiger Stoßzahn ins Auge, der über der Bar an der Wand hängt. Auf Nachfrage von Dr. Rink erfahren wir von einer bedirndelten Kellnerin, dass es sich hierbei um die Nachbildung eines Stoßzahns des in Oberösterreich gefundenen Mammuts handele – Dumbi, wie das arme Tier von den Einheimischen »liebevoll« genannt wird … Dr. Rink möchte wissen, woran das Mammut denn gestorben sei, da brüllt Ritz: »In Österreich? An Langeweile natürlich!« Alles schmeißt sich weg vor Lachen, die Kellnerin merkt noch beleidigt an: »Na, Dumbi is von Urzeitmenschen in a Folle g'lockt wor'n.« Ritz wieder: »In eine Radarfalle!« Frustriert gibt die Kellnerin auf und überlässt unsere Gruppe ihrem hysterischen Gelächter. Wieder haben wir die interkulturelle Kluft zwischen Deutschland und Österreich vertieft, schlimm, schlimm … na, dann: Prost.

Aus den Lautsprechern schallt der Partyknaller der Kolibris:
Wir wollen trinken, noch einen trinken
Weil man die Sorgen dann vergisst …

Den Rest erspare ich Ihnen … Wobei:
Und dann die Hände zum Himmel
komm, lasst uns fröhlich sein …

Das kann ich Ihnen nicht ersparen!

Zugegeben, in den meisten anderen Situationen meines Lebens hätte dieses Lied – vorsichtig formuliert – keine Würdigung von mir erfahren. In diesem Moment aber scheint es mir zumindest inhaltlich mehr als passend zu sein. Ich frage Vicky: »Alles gut bei dir?« – »Ja«, antwortet sie knapp. Ich hake nach: »Alles gut bei *dir und mir*? Bitte kreuze an – Ja, Nein, Weiß nicht.« Auf den zugegebenermaßen etwas müden Scherz steigt sie nicht ein. Stattdessen sagt sie: »Schmitt, ich kenne dich kaum, aber eins ist mir heute klargeworden. Mit uns beiden wird es nichts. Zu mir bist du ja ganz süß, aber wie du dich deinen Kollegen gegenüber verhältst … Ich habe heute öfter beobachtet, mit welcher Arroganz du die manchmal ansiehst. Du hältst dich wirklich für etwas Besseres, oder?«

Frustriert entgegne ich: »Ich halte im Vergleich zu meinen Kollegen ungefähr *jeden* für etwas Besseres!« Sie atmet tief durch: »Siehst du, das ist genau das, was ich meine: Du da oben und die da unten! So siehst du das, oder?« – »Entschuldige mal, du hast gesehen, wie die mich heute schon wieder behandelt haben? Erst bin ich der Einzige in meinem Team, der eure beknackte Floßfahrt ernst nimmt, werde zum Dank ins Wasser geworfen, danach bin ich der gefühllose Roboter und dann werde ich von einer drittklassigen Schmalspur-Transe in die Ecke gesetzt, und alle schütten sich darüber aus vor Lachen.«

»Ach was! Im Gegensatz zu dir nehmen die das ganze hier mit Humor! Daran solltest du dir mal ein Beispiel nehmen, statt immer nur verächtlich aus der Wäsche zu schauen! Du lässt doch an niemandem ein gutes Haar! Du bist einfach ein Egomane, ein sozialer Analphabet!« – »So, bin ich das?« – »Ja, allerdings. Man hätte mir ja zum Beispiel heute Abend auch mal zur Seite stehen können.« – »Was meinst du?« – »Na, als Herr Wiegärtner meinte, man müsse das Abendessen nicht verschieben und dass er das Leitbild, wegen dem wir eigentlich nur hier sind, genauso gut alleine machen könne. Morgen früh, mal eben so! Da hätte man von einer Führungskraft wie dir erwarten können, dass du mal intervenierst!«

Darauf zu antworten fällt mir nicht schwer: »Wenn ich *das* gemacht hätte, da hätte ich dich aber mal erleben wollen. Dann hättest du mir nämlich vorgeworfen, ich hätte dich dastehen lassen, wie ein hilfloses kleines Mädchen, das sich nicht alleine durchsetzen kann!«

Ups, ich merke, das war zu viel. Vicky steht einfach wortlos auf und geht. Irgendetwas murmelt sie noch im Weggehen, ich kann es nicht verstehen, ist wahrscheinlich auch besser so. Ich habe jetzt sowieso komplett die Faxen dicke. Die Schnauze voll. Was für ein mieses Wochenende. Was für ein mieses Leben. Ihr könnt mich alle mal. ALLE!

Ich will raus. Vor allem erst mal raus aus diesem gruseligen Partykeller. Ich stampfe die Treppe rauf ins Erdgeschoss und steuere zielsicher die Hotelbar an. Die Japaner sind da. Ich bestelle einen Drink, Whisky-Cola. Unten gäbe es dasselbe kostenlos, aber da sind lauter Leute, die ich mir nicht mal schönsaufen kann – so viel Whisky gibt es gar nicht. Ich leere das Glas in einem Zug und bestelle nach. Einer meiner japanischen Freunde von gestern spricht mich in radebrechendem Englisch vertraulich an:

»You frustraded, Mr. Singing-Master?«

»You can say so.«

»Where beautiful woman from yesterday? ›Something stupid‹?«

»Don't ask.«

»I see. Come on friend, follow me. I have something for you. Makes you happy, trust me.«

Ohne abzuwarten, geht er vor. Ich weiß nicht, warum, aber ich lasse mein Glas stehen und folge ihm. Der Weg führt Richtung Toilette – er will doch nicht … Ich muss sagen: *exotisch* ja gerne, aber *mit Penis* nein danke! Auf dem Klo überprüft »mein Freund«, ob wir alleine sind – sind wir. Er sagt: »My german singing-friend, look this. Is very good drug, direct from Japan. New Star of Tokyo Music Clubs. Turns your feelings into exact opposites. If you down, makes you high, if you bad, makes you good, if you sad, makes you happy. If you happy – don't take! Then makes you sad! Are you happy at moment?«

Ich gebe zu: »No.« Er besteht darauf: »Then take!« Dann gibt er mir ein kleines Plastiktütchen mit einem perlmuttfarbenen Pulver darin. »We call it Jin-Ji! Best friend of sad man. Puts the world upside down.«

Ich schaue ihn noch einmal genauer an, während ich das Tütchen nehme. Auf den ersten Blick sieht er völlig harmlos aus, wie ein normaler japanischer Geschäftsmann – aber nun fällt mir auf: Er trägt farbige Kontaktlinsen, in Grün! Passend zu seiner Krawatte. Nun ja.

Ich frage: »For free?« – »Sure, friend. Put into water and then drink. Then you happy again, I promise. Here, my card, if you want more. You can order online.«

Ich bedanke und verbeuge mich mit zusammengelegten Händen, ganz so, wie ich es von der Fernsehserie »Shogun« gelernt habe. Gemeinsam gehen wir zurück zur Bar, wo ich mir gleich, ohne zu zögern, eine kleine PET-Flasche Wasser bestelle, in die ich unter dem Tresen, sodass es niemand sieht, das Pulver schütte. Für einen kurzen Moment schäumt das Wasser in allen Farben des Regenbogens auf, dann wird es wieder klar. In welchem illegalen japanischen Chemielabor das gekocht wurde, will ich gar nicht wissen. Jetzt und heute ist mir ALLES egal. Zuerst schütte ich noch die zweite Whisky-Cola in mich rein, dann trinke ich die »Wasserflasche« in einem Zug halb leer.

Mein japanischer Dealer sagt: »Sorry, I forgot to say. With alcohol it's no good. I hope, that was only Cola!?« Er zeigt auf mein Whiskyglas.

Ich frage: »And if not?« Er hebt die Augenbrauen: »Then can get interesting. Very interesting. But good is: Tomorrow will not remember!«

O Mann, »with alcohol it's no good« das fällt ihm ein, nachdem ich die zweite große Whisky-Cola gekippt und die Hälfte von Jin-Ji in mich reingeschüttet habe … Da verlässt die japanische Gruppe geschlossen die Bar – einer von ihnen lächelt noch so eigenartig in meine Richtung … oder bilde ich mir das nur ein? Ist das schon die Wirkung der Droge? Egal, was habe ich heute schon noch zu verlieren …?

So sitze ich eine Zeitlang an der Bar. Und wie ich so dasitze und versuche, an nichts zu denken, wallen allmählich Gefühle in mir auf – warme Gefühle. Es macht sich etwas in mir breit. Es ist Sehnsucht. Genauer gesagt: Sehnsucht nach meinen Kollegen! Also stecke ich die kleine Wasserflasche in die Tasche meines Jacketts, wer weiß, ob ich nicht später noch mal nachlegen will. Dann gehe ich zurück in den Partykeller. Der Raum sieht jetzt wunderschön aus. Holzgetäfelt, in edlem Dunkelbraun. Sehr elegant, und doch auch heimelig. Wie stolz die ausgestopften Tiere in den Raum blicken, als wollten sie sagen: Danke, das ihr mein Antlitz für immer bewahrt habt, liebe Menschen! Dazu die fröhliche Buntheit der Luftschlangen … Ich werde trunken vor Glück. Ich sage leise: »Bist du das, Jin-Ji?« Laut schallt die Antwort von der Seite: »Nein, ich bin's, Ritzi! Dein Kumpel Ritz, dem du so lustige Bahnfahrten zu verdanken hast!« Seine liebenswürdige Fröhlichkeit erfüllt mein Herz sogleich mit tiefer Verbundenheit. Kurz halte ich inne. Dann nehme ich sein Gesicht zwischen meine Hände und hauche mit sanfter, sehr sanfter Stimme: »Fritz. Fritz Ritz … Was für ein schöner Name … Er passt zu dir, mein Freund!«

»Na ja, eigentlich heiße ich ja Friedrich. Alles so weit klar bei dir?«

»Natürlich, lieber Fritz, du bist ja jetzt hier.«

»Also, wenn du willst, kannst du mein Gesicht auch wieder loslassen.« – »Aber gerne, mein Lieber. Habe ich dir eigentlich schon mal gesagt, wie sehr ich deine Fröhlichkeit schätze? Wie sehr du den alltäglichsten Dingen unermüdlich ein Lächeln abgewinnen kannst? Durch Witze, die niemals verkopft sind oder jemanden überfordern. Du bist für mich der Noah, der auf seiner Arche von jeder Sorte Witze derer zwei aufbewahrt und so vor dem Untergang im Meer des Vergessens bewahrt.«

Ritz schaut irritiert aus der Wäsche, ich verstehe nicht, warum. Abweisend sagt er: »Verarschen kann ich mich auch alleine.« – Weg ist er. Schade. Mein teurer, heiterer Freund.

Ich schaue rüber zu einer ausgestopften Schleiereule – zwinkert sie mir zu? Das kann nicht sein … Da kommt die Pichel des Wegs, sie hält sich den Bauch. Voller aufrichtigem Mitgefühl frage ich: »Liebe Ramona, ist Ihnen nicht wohl? Sie Gute!?« – »Nur ein bisschen übel. Wahrscheinlich das schwere österreichische Essen.« Ich nehme ihre Hand und sage: »Ich möchte Ihnen einmal Danke sagen. Danke, dass Sie uns allen immer wieder zeigen, wie wertvoll und wie kostbar unsere Gesundheit ist. So aufmerksam wie Sie sollten wir alle sein,

unserem Körper gegenüber. Ich selbst bin oft so ein sturer Schrat ...
immer nur den Beruf im Auge, dabei haben Sie SO RECHT! Das
Private ist das Wichtigste – und vor allem die Gesundheit, darüber
kann man gar nicht genug sprechen! Auch und vielleicht gerade in
einer Firma wie der SERVICE-AG!« Sie bricht das Gespräch ab: »Ich
glaube, ich muss jetzt wirklich zur Toilette, ich habe so ein schlim-
mes Magengrummeln ... nicht, dass es ein Durchbruch ist ...« Sie
eilt davon, ich schaue ihr noch zärtlich hinterher ... habe ich da gerade Federn statt Haar auf ihrem Kopf gesehen? *Auerhahnfedern?*

Da sehe ich in der hintersten Ecke des Partykellers meinen lieben
Dr. Rink stehen. Um ihn herum die ausgelassenste Lebensfreude, es
tanzen Menschen mit Menschen, Menschen mit Tieren und Tiere
mit Tieren – ja, Sie haben richtig gelesen, liebster Leser, die vermeintlich ausgestopften Tiere sind zu Leben erwacht, von den Wän-
den herabgestiegen und mischen sich in aller Friedfertigkeit unter
uns Menschen! Mich wundert, dass es mich nicht wundert ... Aber
nicht nur das! Eine Metamorphose vollzieht sich: Ich sehe Menschen
mit Tierköpfen und Tiere mit Menschenköpfen – wie wunderbar!
Mein lieber Holzt mit einem Hirschgeweih – ein stolzer Zwölfender,
wie passend! Der gute Dr. Rink, ein wuseliges Eichhörnchen mit
Brille und polierter Glatze! Nun geselle ich mich zu ihm und sage:
»Äpoijsdldsoifh ncjuphvids psoaodsi!?« Dr. Rinkhörnchen lächelt
verschmitzt und erwidert: »Herr Schmitt, ich sehe Ihre Pupillen und
vermeine zu sehen: Lysergsäurediethylamid – landläufig auch bekannt als die Droge LSD. Würden Sie mir da beipflichten?«

Wie reagieren Sie auf diese vollkommen berechtigte, aber sehr pein-
liche Frage?

A – Höllenregel 5: Oäljdsag cxnäo inhsdljä oiuhoshfoi oihäsdo fisoüs-
doiporg!

B – Höllenregel 7: Ddsaig üuaroigüdsa oighürdo igoreiug toreuo ödsa-
jfido ifrohsohgnvouh!

C – Höllenregel 8: HURZ!

Allerliebster Leser, ich finde keine Worte mehr. Ich berste geradezu vor herzlichster Liebe zu meinen Kollegen! Ich MUSS diesem überwältigenden Gefühl Ausdruck verleihen, ich springe auf den Tresen wie eine Gämse, brülle: »Ädsajodsigjfdoahgi!« Alle Augenpaare sind auf mich gerichtet, Mensch und Tier in trauter Eintracht, vereint im Staunen ob des neuen Heilsbringers – MIR! Ich breite die Arme aus und springe in die Menge, erfüllt von vollkommener Seligkeit verschmelze ich im ozeanischen Wir-Gefühl … Ich rieche ihre Ekstase, ich höre ihre mich umschlingenden Arme, ich sehe ihre begeisterten Rufe … Weiter weiß ich leider nichts mehr … Filmriss.

Wie aus weiter Ferne und dennoch unbändig laut dröhnt ein Staubsaugergeräusch durch meinen Kopf, der sich anfühlt wie ein Bienenkorb und dazu furchtbar schmerzt. Ich schlage die Augen auf – auch das schmerzt … Ich verziehe den Mund … Noch mehr Schmerz … Speichel läuft mir Richtung Augen durch das Gesicht. Mühsam schaue ich an mir herunter: kein Urinfleck – immerhin. Mühsam, sehr mühsam richte ich mich von der harten Eckbank im Partykeller auf. Die staubsaugende Reinigungskraft schaut mich verächtlich an. Sie fragt: »Schön g'feiert gestan, ge? Is lang worn, wos?« Wortlos schleiche ich sehr langsam, denn mein ganzer Körper schmerzt, aus dem Keller und gehe in mein Hotelzimmer. Niemand ist da, zum Glück. Ich sehe auf die Nachttischuhr – halb zehn. O Gott, in einer halben Stunde kommt der Vorstand! Ich stelle die immer noch halbvolle Wasserflasche auf eine Anrichte, eile ins Bad, dusche, ziehe mich frisch an und gehe runter Richtung »Jörg«.

Als ich den Raum betrete, sind alle darum bemüht, meinen Blicken auszuweichen, niemand erwidert meinen Gruß. Nur Vicky schaut mir ins Gesicht, allerdings mit äußerst vorwurfsvollem Blick, dann schüttelt sie den Kopf und geht zu Wiegärtner. Gott, muss ich mich blamiert haben … Die Dusche hat auch fast nichts gebracht, ich fühle mich immer noch wie durch den Wolf gedreht … Ich höre Wiegärtner sagen: »Gut, Frau Bellinghausen, das Leitbild ist fertig formuliert – alles hier oben drin.« Er tippt sich an die Stirn und fährt dann fort: »Ich gehe nur noch mal zwanzig Minuten auf mein Zimmer und bereite mich auf die Rede vor. Pünktlich um zehn bin ich wieder zurück, dann kann es losgehen.«

Am Fenster sitzt Frau Clausen und starrt hinaus. Das scheint mir auch für mich der passende Ort und die passende Beschäftigung für den Augenblick zu sein. Schweigend setze ich mich zu ihr. Da ist es auch schon zehn vor zehn, und der Vorstand erscheint mit seiner Sekretärin und seiner Assistentin. Seltsam, wie sehr die schiere Anwesenheit einer so hohen Führungskraft das Verhalten und Auftreten aller im Raum Anwesenden so maßgeblich verändert. Die Gespräche verstummen, niemand macht mehr Witze, nicht mal Ritz. Vicky sagt: »So, nun muss nur noch der Herr Wiegärtner kommen, dann kann's losgehen.« Überraschend wendet sie sich an mich und fragt: »Herr Schmitt, Sie als sein Zimmergenosse, schauen Sie bitte einmal nach, wo er bleibt?« Kurz zucke ich zusammen, als sie mich so förmlich anspricht, dann komme ich kommentarlos ihrem Wunsch nach.

Im Zimmer bin ich erst irritiert. Hier ist niemand, denke ich zuerst und will schon wieder gehen, da nehme ich ein leises Wimmern wahr. Zwischen Schrank und Bett zusammengekauert hockt er, Manuel Wiegärtner, *Mr. Facebook*. Er ist bewaffnet mit einem Kleiderbügel, den er auf mich richtet und droht mit zittriger Stimme: »Geh weg, geht alle weg! Du willst mein Freund sein? Ich aber nicht deiner!!! Lasst mich alleine, ganz alleine, alle sonst …« Er bricht ab, mein Blick schwenkt zu der Stelle, wo ich die Wasserflasche mit Jin-Ji abgestellt habe – sie ist leer … O nein! Wie konnte er nur? Was hat der grünäugige Japaner gesagt: »Turns your feelings into exact opposite …«

Ach du meine Güte, wer soll jetzt die Rede halten? Wie steht Vicky jetzt da? Und ich bin auch noch verantwortlich dafür – zumindest teilweise. Barsch fahre ich Wiegärtner an: »Wie konnten Sie nur aus meiner Flasche trinken, Sie Vollidiot!« Er kontert: »Lassen Sie mich in Ruhe, ich will mit niemandem reden, MIT NIEMANDEM!!!«

Ich lasse das Häufchen Elend am Boden sitzen und gehe zurück, Richtung »Jörg«. O Gott, meine liebste Vicky! Wie können wir dich nur so blamieren? Das ganze Wochenende hast du hart gearbeitet und nun stehst du ohne greifbares Ergebnis vor dem Vorstand ... Wie schrecklich! Wie soll ich ihr das nur erklären? Als ich unten bin, winke ich sie erst mal dezent zu mir raus auf den Flur.

Ich improvisiere: »Äh, Vicky, der Herr Wiegärtner ...« – »Ja, kommt er gleich?« – »Äh, nein ... er ist, äh ... unpässlich, also, vollkommen unpässlich. Er wird auf gar keinen Fall diese Rede halten können.« Entsetzt schaut sie mich an: »Was heißt unpässlich??« – »Ich befürchte, er hat ein wenig zu viel Drogen genommen ... in seiner Jugend ... Ich glaube das nennt man ›Backflash‹«, lüge ich schlecht.

»Ich muss ihn sehen.«

Gemeinsam gehen wir auf das Zimmer.

»Nein, nein, geht weg! Lasst mich alle in Ruhe, ich will keine Freunde, ich will niemanden sehen!«, heult es uns entgegen. Ich sage: »Drogen. Schlimme Sache. Ich sag ja schon immer: Keine Macht den Drogen!« Da blafft sie mich an: »Du musst gerade reden! Was du gestern Abend eingeworfen hast, will auch lieber keiner wissen. Wie kann man sich nur so gehen lassen!?« Betreten schaue ich zu Boden. Da fragt sie plötzlich in beinahe verzweifeltem Ton: »Aber was mache ich denn jetzt? Ich bin doch verantwortlich. Der Vorstand hat so viel Geld für dieses Wochenende ausgegeben, ist extra hergekommen und jetzt stehe ich mit leeren Händen vor ihm da ...«

Es entsteht eine merkwürdige Stille. Nur unterbrochen durch Wiegärtners Winseln: »Scheißmenschen. Alle scheiße!«

Dann fasst sich Vicky und sagt: »Es nützt nichts, das muss ich ihm jetzt sagen.« Mit letzter Hoffnung schaut sie mich an und fragt: »Oder?« Ich sage traurig: »Ja, Vicky. Ich befürchte, das musst du.«

Schweigend und mit hängenden Köpfen gehen wir zurück.

Dort warten schon alle ungeduldig. Als Vicky gerade ansetzt, dem Vorstand ihre Niederlage einzugestehen, schießt mir durch den Kopf: »Mensch, Mann! Scheiß auf Kopfschmerzen, scheiß auf zwei schlecht geschlafene Nächte, fuck die Drogen, fuck den Alkohol, und vergiss endlich deinen verdammten Hochmut! Jetzt, Schmitty, geht's hier um etwas anderes! Übernimm einmal Verantwortung.«

»Frau Bellinghausen!?« Irritiert schauen sie und der Vorstand mich an. Ich frage: »Soll ich dann jetzt beginnen … mit der Präsentation des Leitbildes?« Vicky perplex: »Wie bitte?« – »Na, wir hatten doch abgesprochen, dass ich die Ergebnisse des Wochenendes Herrn Dr. Silbenhöfer vortrage. Soll ich dann jetzt beginnen?« Da scheint sie zu verstehen und sagt: »Ja gut, dann … machen wir das jetzt wie besprochen … Bitte!« Jovial nickt mir noch der Vorstand zu, alle Kollegen sind vollkommen durch den Wind, als ich nach vorne trete, aber glücklicherweise spielen sie das Spiel mit. Spätestens seit letzter Nacht wundern sie sich bei mir scheinbar über gar nichts mehr.

Ich richte meinen schmerzenden Rücken auf und blicke aus geröteten Augen in die Runde. Da sitzen sie, meine Nein-Kollegen. Letzte Nacht war ich überwältigt von liebevollen Gefühlen zu ihnen, aufgrund einer Droge. Aber – war es wirklich nur die Droge? Ist meine Ablehnung ihnen gegenüber vielleicht gar nicht so begründet, wie mir immer schien? Liegt die Wahrheit vielleicht zwischen der Hölle, als die sie mir immer erschienen, und dem Himmel, in dem ich sie letzte Nacht sah? Sind sie etwa weder Teufel noch Engel, sondern am Ende einfach *nur Menschen?*

So hole ich tief Luft, noch ohne zu wissen, was ich sagen soll, und fange einfach an:

»Liebe Kollegen, lieber Herr Dr. Silbenhöfer. Wir haben hier in Österreich eine schöne Zeit verbracht, aber auch hart gerungen. Man ist sich nähergekommen und hat sich von Seiten kennengelernt, die einem im Arbeitsalltag verborgen bleiben.« Alle schauen betreten zur Seite, nur der Vorstand und sein Gefolge blicken mir unverändert wohlwollend und interessiert ins Gesicht. »Dennoch haben wir unser Ziel, hier ein Leitbild für die SERVICE-AG zu erstellen, nie aus den Augen verloren. Dank Frau Bellinghausen, die mit ihren unkonventionellen Ideen jeden von uns herausgefordert hat, lässt sich dieses Wochenende als voller Erfolg verbuchen. Wir haben gearbeitet, Flöße gebaut und dabei gelernt, dass Ehrgeiz ohne Humor nichts wert ist. Wir haben Theater gehabt, gesehen und gespielt und dabei gelernt, dass eine kritische Selbstdistanz außerordentlich wichtig ist. Wir haben Musik gemacht und gefeiert und sind uns nahegekommen.« Manchmal *zu nahe,* denke ich und versuche, die Bilder aus meinem Kopf zu vertreiben. »Das Ergebnis dieses Wochenendes lässt sich für uns am besten in Form folgender Geschichte zusammenfassen …« Ich blicke kurz in die Runde und sehe sechzehn Augenpaare wie Röntgenstrahlen auf mich gerichtet: »Sie heißt ›Die Mammutjagd‹.«

Die Kollegen schauen einander fragend an, als dächten sie: »Wie kommt er denn jetzt *darauf?*« Wenn ich das mal selber wüsste. Das muss immer noch eine Nachwirkung von Jin-Ji sein, gepaart mit der Erinnerung an Dumbi. Was soll's, ich fahre fort.

»Liebe Kollegen, lieber Vorstand, vor vielen, vielen Jahren, als die Menschen noch keine Frischfleischtheke kannten, sie also noch sehr hart für ihren täglichen Kalorienbedarf kämpfen mussten, waren sie auf etwas angewiesen, das wir heute ›Teamgeist‹ oder ›kooperatives Handeln‹ nennen. Es war die Zeit, als die Menschen noch Mammuts jagten. Das Feuer war schon erfunden, die Mikrowelle und das Fertiggericht noch nicht. Die Wörter ›Erlebnis-‹ und ›Eventgastronomie‹ hatten damals noch eine ganz andere Bedeutung.«

Frau Alvarez lächelt.

»Zu dieser Zeit trug es sich zu, dass die Menschen, weil sie ja so klein und die Mammuts so groß, darauf angewiesen waren, dass sie in der Sippe eine gemeinsame Strategie ersinnen mussten, um dieses große Tier mit seinen riesigen Stoßzähnen zu erlegen, ohne selbst Schaden zu nehmen. Und da gab es eine Menge zu ersinnen, denn so eine Mammutjagd war eine ziemlich komplexe Aufgabe. Zunächst einmal musste das Mammut aufgespürt werden. Zugegeben, das war jetzt wahrscheinlich nicht so schwer, denn die dicken Viecher hinterließen sicherlich sehr dicke Haufen und mit ihren großen Füßen auch ziemlich deutliche Spuren, sodass man sie leicht finden konnte.«

Marina Clausen und Fritz Ritz schmunzeln, Plech schwitzt.

»Trotzdem war ja das, was dann kam, wenn man sie gefunden hatte, immer noch ausreichend anspruchsvoll. Zunächst einmal musste nämlich der Projektleiter bestimmen, wo und in welcher Entfernung zum Mammut ein tiefes Loch gegraben wurde. Und ich meine hier nicht eine Kuhle oder eine kleine Grube, nein, ich meine ein richtig tiefes und breites Loch. Ein so großes Loch, dass das gesamte Mammut da reinpasste und nicht einfach wieder herausgehüpft kam, wenn ihm danach war. Dann musste Feuer gemacht werden, und zwar ein so großes Feuer aus so viel Holz, dass genügend Leute ausreichend große Fackeln davon abbekamen. Sodass man das große Mammut damit erschrecken konnte und dieses dann weglief. Dann musste man diese gar nicht so friedliche Lichterkette so organisieren, dass das große, jetzt flüchtende Mammut sich genötigt sah, nicht *irgendwohin* zu fliehen, sondern just dahin zu laufen, wo das große Loch gegraben war, das man vorher mit Ästen und Blättern zugedeckt hatte. Und wenn das große Mammut am Ende nach all der lieben Mühe da reingeplumpst war, mussten auch noch zwei, drei Neandertaler kommen und das gefangene Tier mit ihren Spießen vom Leben in den Tod befördern – was bestimmt keine allzu erfreuliche Beschäftigung war. Musste aber gemacht werden, damit danach dann wieder ein paar andere anfangen konnten, das Fell abzuziehen und kleine tragbare Häppchen aus dem vorher noch so lebendigen und ach so stolzen Mammut zu schneiden.«

Nun sind es schon fünf oder sechs, die zumindest interessiert zuhören. Langsam komme ich in Fahrt.

»Sie sehen, da gab es eine Menge unterschiedlicher Dinge zu tun. Und schon damals war der Erfolg der Gesamtgruppe von der Unterschiedlichkeit der Fähigkeiten der einzelnen Gruppenmitglieder abhängig. Und das lange bevor es den Begriff ›Diversity‹ gab. Der eine war groß, stark und skrupellos und konnte auf das arme Tier so lange einstechen, bis es einfach keine Lust mehr verspürte, länger am Leben teilzunehmen.«

Holzt grinst schief.

»Der andere war schlau und an Geografie interessiert, dem machte es Spaß, sich auszudenken, wo das Loch hinkam.«

Dr. Rink lächelt.

»Und wieder ein anderer war ein Meister der gewissenhaften Organisation von Küchenmessern und Brotzeitbrettchen.«

Sybille Gründler versteht und strahlt über das ganze Gesicht.

»Sie sehen also, liebe Kollegen, lieber Vorstand: Schon damals war es durchaus sinnvoll, dass die einzelnen Teammitglieder unterschiedliche Interessen und Charaktereigenschaften hatten. Und ich glaube, Sie haben schon längst erkannt, was ich damit sagen will: Lassen Sie uns von nun an unsere SERVICE-AG als eine Sippe betrachten, die für ihren Fortbestand ein Mammut zu erlegen hat. Und betrachten wir die Unterschiedlichkeit der einzelnen Sippenmitglieder nicht als Malus, sondern als Bonus, nicht als Hindernis, sondern als Chance. Als Qualität! Helfen Sie mit, in unserer Sippe die Unterschiedlichkeit nicht zu negieren, sondern im Gegenteil: zu fördern, die Individualität jedes Einzelnen zu stärken! Das S in Service AG steht für selbstbewusst, das E steht für empathisch, das R für respektvoll, das V für Vertrauen, das I für intelligent, das C für Clever und das E für Erfolg. Und das AG für Alle Gemeinsam.«

Ich fange an zu glauben, was ich sage.

Schweigen im Raum. Niemand wagt es, sich zu bewegen. Da fängt plötzlich jemand an zu klatschen: Dr. Silbenhöfer. Erleichtert steigt zuerst Vicky mit ein, danach Plech, dann die ganze Sippe. Der Applaus steigert sich, und am Ende stehen alle auf. Es fühlt sich an wie in einem kitschigen Hollywoodfilm. Da sorgt der Vorstand für Ruhe, kommt zu mir nach vorne und spricht in ruhiger, sonorer Stimme: »Also, Herr Schmitt, ich muss schon sagen ...« Er räuspert sich noch mal, dann fährt er fort: »Ganz toll! Ich will zwar nicht so genau wissen, was Sie hier in Österreich alles getrieben haben, aber wenn ich nur das Ergebnis betrachte, bin ich äußerst zufrieden. Frau Bellinghausen – Respekt!« Bescheiden lächelnd senkt Vicky den Blick. »Das Leitbild in eine Geschichte zu fassen, halte ich für brillant und innovativ.« Noch mal gibt es großen Applaus, ich verneige mich. Der Vorstand schließt ab: »Herr Plech, tolles Team, Frau Bellinghausen, sehr, sehr gute Arbeit und Herr Schmitt ... super Präsentation.«

Später auf dem Gang kommt er noch einmal alleine auf mich zu: »Herr Schmitt, was halten Sie davon, wir sehen uns nächste Woche mal in meinem Büro?« Kurz denke ich an Stockhausen, sage dann aber aufrichtig: »Sehr gerne, es ist mir eine große Ehre.«

Wie gehen Sie, lieber Leser, mit einem Helden des Wirtschaftslebens wie mit mir um?

A – Höllenregel 4: Denken Sie an Goethes letzte Worte: »Mehr Licht!«

B – Höllenregel 9: Schürfen Sie nach versteckten Talenten und beschäftigen Sie ihn mit dem, was er WIRKLICH kann!

C – Höllenregel 14: Willst du nach oben, musst du loben!

Neun Monate später verlasse ich mein Einfamilienhaus im Speckgürtel einer mittelgroßen deutschen Stadt und gehe über die gepflegte Kieseinfahrt zu meinem neuen Carport. Ich entriegle mit einem leichten Druck auf die Fernbedienung meinen mit Ökostrom betriebenen Firmen-Jaguar. Plötzlich öffnet sich unsere weiße Mahagoni-Vollholz-Haustür, und Vicky eilt auf mich zu. Ich denke: »O Gott, ist es schon so weit?« Sie umarmt mich und sagt: »Du hast noch was vergessen.« – »Was denn?« – »Das«, sagt sie und küsst mich zärtlich auf die Wange. Ich: »Beim leisesten Ziehen rufst du mich aber an.« Sie flüstert: »Versprochen, mein großer Personalchef.« Mit sieben km/h gleite ich durch die Spielstraße des Neubaugebiets. Meine beim Straßenfest liebgewonnenen Nachbarn winken mir freundlich zu. Das Autotelefon klingelt. Wie jeden Morgen um neun ist Monika am Apparat, um die Termine für den Tag durchzugehen. »Steffen Holzt möchte gerne Ihre Meinung zum nächsten Kundenveranstaltungskonzept. Den Termin habe ich auf Freitag, zehn Uhr, gelegt. Herr Wiegärtner ist mit Ihrer Facebook-Seite fertig, und Herr Plech fragt an, ob Sie so freundlich wären, mit ihm zu Mittag zu essen.« – »Aber selbstverständlich«, antworte ich. »In zwei Wochen am

Mittwoch passt es gut.« – »Ihr nächstes Buchmanuskript ist vom Verlag gekauft, und Ihr Buchvortrag heute Abend im Kongresszentrum ist ausverkauft.« Ich denke: »Alles bestens – wie immer …«

Da wache ich auf.

Auflösung der psychologischen Analyse Ihrer sozio-emotionalen Bürohöllenkollegenkompetenz

Lösung Seite 143
Antwort A – 3 Punkte
Antwort B – 1 Punkt
Antwort C – 2 Punkte

Lösung Seite 144
Antwort A – 1 Punkt
Antwort B – 3 Punkte
Antwort C – 1 Punkt

Lösung Seite 149
Antwort A – 3 Punkte
Antwort B – 1 Punkt
Antwort C – 1 Punkt

Lösung Seite 157
Antwort A – 1 Punkt
Antwort B – 3 Punkte
Antwort C – 0 Punkte

Lösung Seite 161
Antwort A – 3 Punkte
Antwort B – 1 Punkt
Antwort C – 0 Punkte

Lösung Seite 162
Antwort A – 1 Punkt
Antwort B – 3 Punkte
Antwort C – 0 Punkte

Lösung Seite 169
Antwort A – 0 Punkte
Antwort B – 3 Punkte
Antwort C – 0 Punkte

Lösung Seite 171
Antwort A – 3 Punkte
Antwort B – 0 Punkte
Antwort C – 1 Punkt

Lösung Seite 184
Antwort A – 0 Punkte
Antwort B – 1 Punkt
Antwort C – 3 Punkte

Lösung Seite 188
Antwort A – 3 Punkte
Antwort B – 1 Punkt
Antwort C – 0 Punkte

Lösung Seite 193
Antwort A – 1 Punkt
Antwort B – 1 Punkt
Antwort C – 3 Punkte

Lösung Seite 199
Antwort A – 1 Punkt
Antwort B – 0 Punkte
Antwort C – 3 Punkte

Lösung Seite 207
Test aufgrund technischer
Probleme ungültig!

Lösung Seite 215
Antwort A – 3 Punkte
Antwort B – 3 Punkte
Antwort C – 3 Punkte

Addieren Sie nun alle erzielten Punkte und überprüfen Sie im Folgenden Ihre sozio-emotionale Bürokollegenhöllenkompetenz:

0–14 Punkte
Ich muss es leider so deutlich sagen, Sie haben im Büro nichts verloren. Sie sind entweder für Höheres berufen oder Sie suchen sich besser einen Beruf, in dem Sie mit möglichst wenig Menschen zu tun haben. Leuchtturmwärter, Förster, Wachmann im Leichenschauhaus oder in der Vorstandsetage einer Bank.

15–28 Punkte
Das Positive gleich am Anfang. Sie werden nirgendwo besonders auffallen oder anecken. Keiner wird Ihren Geburtstag vergessen, aber es wird auch keiner eine Geburtstagsparty im Büro für Sie ausrichten. Ihr Leben ist ein langer ruhiger Fluss, und in der zähen Masse der Büroangestellten sind Sie zu Hause. Mein Tipp: Lesen Sie das Buch noch einmal von vorne!

Ab 29 Punkten
Entweder haben Sie gemogelt oder Sie sind der Dalai Lama.
Scherz beiseite. Sie sind Gefahrensucher und Problemlöser in einem. Der Umgang mit Ihnen muss pure Lebensfreude sein. Ich bin mir sicher, nicht nur im Büro.
Wenn Sie eine neue berufliche Herausforderung suchen, bewerben Sie sich bei mir, unter: der-michael-schmitt@gmx.de

Nachwort

Lieber Leser, jetzt haben Sie dieses Buch mehr als 200 Seiten lang gelesen, haben hoffentlich den einen oder anderen Kollegentypus wiedererkannt, meine Ratschläge befolgt und erfolgreich angewandt oder sich wenigstens auf dem Sofa lümmelnd, in der U-Bahn sitzend oder am Strand liegend damit unterhaltsam die Zeit vertrieben. Möglicherweise haben Sie dabei den Nutzen dieses tollen Buchs für sich herausgelesen und können es jetzt zufrieden zuklappen und denken, diese fast fünfzehn Euro waren wirklich gut investiertes Geld. Möglicherweise haben Sie sich beim Lesen vorgenommen, dass Sie in Zukunft dem einen oder anderen Archetypen der Nein-Kollegen in Ihrer Firma gelassener begegnen werden. Vielleicht haben Sie ja auch ein zweites Exemplar dieses Buchs mit einem Eselsohr versehen und es bei einem Ihrer wiedererkannten Kollegen »rein zufällig« auf dem Schreibtisch liegen lassen ... Wenn Sie mich fragen: Kaufen Sie auch gerne noch ein drittes für einen weiteren Kollegen! Gutes tun kann man ja gar nicht genug, und wenn ich dabei auch noch finanziell profitiere: Meinen Segen haben Sie!

Für den Fall, dass Sie sich jetzt immer noch fragen, wozu Sie dieses Buch eigentlich gekauft haben – außer zur gemütlichen Bettlektüre für ein entspanntes Einschlafen –, wiederhole ich noch einmal den mit Abstand wichtigsten Rat, den dieses Buch überhaupt enthält: *Beschreiben* Sie die Unterschiedlichkeit Ihrer Kollegen so lange wie möglich, anstatt sie zu *bewerten*.

Brechen Sie nicht den Stab, geben Sie kein Urteil über Ihre Kollegen ab, sondern stellen Sie Hypothesen über die unterschiedlichen Menschen auf. Bei Urteilen neigt man nämlich dazu, diese permanent beweisen, ihre Richtigkeit im Nachhinein immer wieder belegen zu wollen. Hypothesen ist man eher bereit wieder infrage zu stellen. Nehmen Sie, und wenn Sie sich auch noch so sicher sind, dass Kollege A ganz eindeutig zu unserer Gattung des Typen XY gehört, diesen Kollegen als veränderbar und entwicklungsfähig an. Denn dann sind wir mit unserem Kollegen nicht fertig. Wir entwickeln uns mit ihm gemeinsam.

Und sollten Sie es nicht schaffen, den Kollegen mit seinen Fehlern als entwicklungsfähig zu betrachten, bemühen Sie sich einmal darum, seinen größten Fehler, seine deutlichste Eigenart als seine »Stütze« zu betrachten. Vielleicht geht es Ihrem Kollegen, der Ihnen das Leben am meisten schwer macht, wie vielen Menschen. Viele Menschen haben in Bezug auf die moderne »Leistungsgesellschaft« ein diffuses, wenn nicht sogar deutlich negatives Gefühl von »Hier stimmt was nicht«, »So kann das nicht weitergehen«, und »Das macht auf die Dauer krank«.

Vielleicht gehört Ihr Kollege auch zu diesen Menschen. Vielleicht vertritt er – ob bewusst oder unbewusst – mit Adorno den Standpunkt »Es gibt kein richtiges Leben im falschen«. Und sein »Fehler« hilft ihm, in dieser Gesellschaftsform weiterzugehen, ohne zu stürzen. Sein »Fehler« ist seine Art, mit diesem permanent steigenden Druck umzugehen, seine Art, sich »querzustellen« und »aufzubegehren«. Offen und aufrecht aufzubegehren hat er möglicherweise aufgegeben. Die Sachzwänge von Miete, Familie, Hypotheken, Versicherungen und den Gepflogenheiten der Arbeitswelt waren vielleicht einfach irgendwann zu groß für die andauernde, echte Rebellion. Und so hat er seine eigene kleine Rebellion ausgebildet. Er versteht sich als *Luke Skywalker* im Kampf gegen den übermächtig erscheinenden *Todesstern Businesswelt*. Aber im Gegensatz zu Luke, dem Helden aus »Star Wars«, hat er die offene Rebellion aufgegeben. Und als innere Stütze, um sich nicht andauernd morgens vor dem Spiegel sagen zu müssen: »Was bist du doch für ein angepasster, opportunistischer Kriecher geworden«, pflegt er leise seine Form des Widerstands: »Ja, ich funktioniere. Aber auf MEINE Weise.«

Und deshalb, lieber Leser, betrachten Sie zukünftig die Eigenarten Ihres Kollegen nicht als »Fehler« sondern als »Stütze«, die er braucht, um nicht zu stürzen. Selbst wenn Sie es ihm gegenüber niemals erwähnen – er wird es Ihnen danken.

Also – machen wir weiter.

Jean-Paul Sartre, Geschlossene Gesellschaft

Danksagung

Ich, Michael Bandt, danke meinen Eltern, die immer zu mir halten, obwohl ich bestimmt kein pflegeleichtes Kind war, meinem Bruder, weil er mir so wunderbar viel Reibungsfläche bot, meiner Lebensgefährtin, weil sie so tapfer meiner tendenziellen Selbstüberschätzung Einhalt gebietet, meinem Chef im Scharlatan Theater, der das Vertrauen zu mir hatte, mich als künstlerischen Leiter einzustellen, und mir gleichzeitig den nötigen Freiraum ließ, dieses Buch zu schreiben.

Ralf Schmitt bedankt sich bei seiner wunderbaren Frau Anika und seinen beiden spontanen Kindern. Bei Mirja Dajani für die Geduld und das tolle Management. Bei Mona Schnell für die kreative PR-Arbeit. Beim Businesstheater Steife Brise für die kreative Energie seit 12 Jahren. Bei Katharina Butting für ihre grenzenlose Freundschaft, bei Stephan Stark für 10 Jahre ImproHotels und bei Michael Bandt für das wunderbare gemeinsame Schreiben ohne Befindlichkeiten. Spezieller Dank geht an Christian Müller für das erste Vertrauen im Jahr 2007. Ansonsten grüße ich meine Eltern, Sandra Herz, Anuschka Schweizer, Anna von Hacht, das Osterberg Institut, Holnis, wie immer die Deutsche Bahn, die GSA, Frank Scholz, Matthias Messmer und die Academy.

Und gemeinsam bedanken wir uns bei Karoline Lemke von Orell Füssli für ihre feingeistige Unterstützung, bei unserem Lektor German Neundorfer für seine konstruktiven Vorschläge, bei Madlaina Bundi, die unser Potenzial entdeckt hat, und bei Bettina Lawrenz für die pointierten Illustrationen. Ganz besonderer Dank gebührt Olaf Schulte, dem Redakteur dieses Buches. Als Mitgestalter und Mentor war er am kreativen Prozess maßgeblich beteiligt.

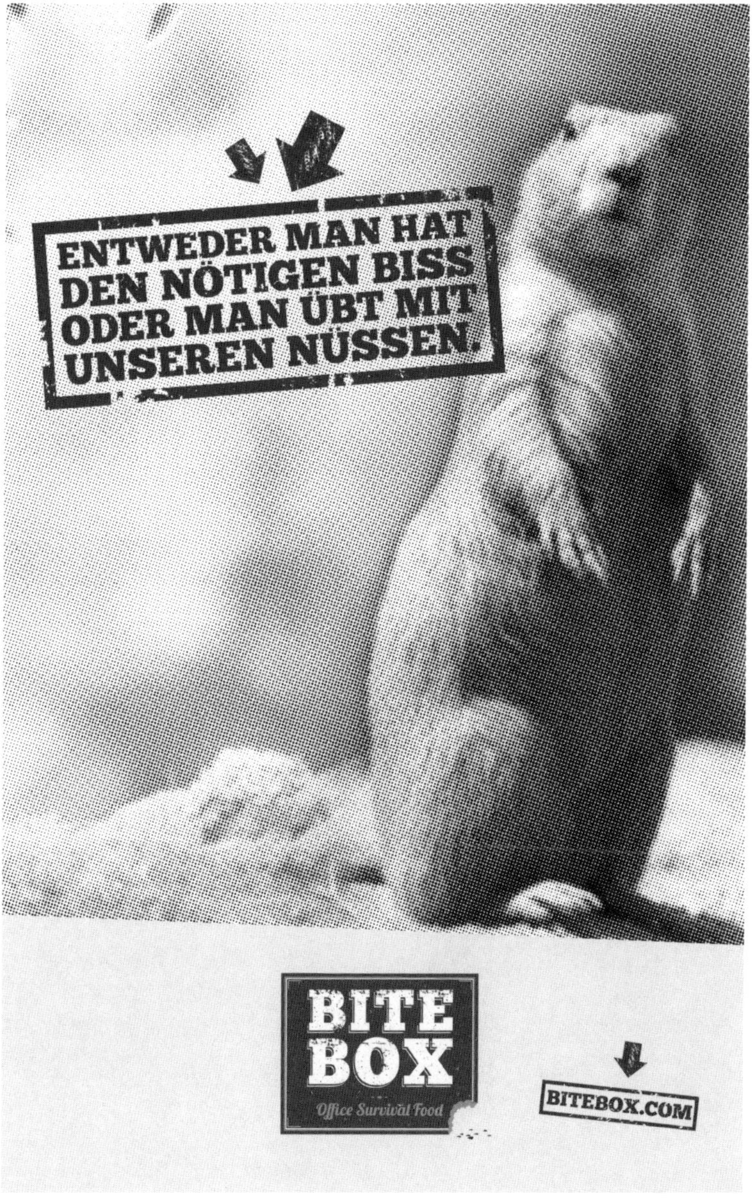
ENTWEDER MAN HAT
DEN NÖTIGEN BISS
ODER MAN ÜBT MIT
UNSEREN NÜSSEN.
BITE
BOX
Office Survival Food
BITEBOX.COM

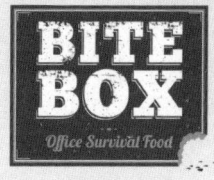